100道 最受幼兒歡迎的 超人氣食譜

暢銷修訂版

向日本幼兒園學習珍惜食物、不挑食

給食がおいしいと評判の 保育園・幼稚園の人気メニュー 毎日おかわり! かんたんレシピ

日本WILL兒童知識教育研究中心 ◎著

林慧雯 ◎譯

餐桌上
的食育

新手父母

目 錄

● 超美味點心

餐桌上的食育

文/李婉萍 榮新診所營養師

　　家庭是食育的開始，父母在幼兒飲食上不僅扮演著捍衛的角色同時也兼具教育養成的工作。相信有孩子的我們一定會發現「易子而教」的重要性，我雖然同時兼具營養師及媽媽的身分，但我的三個孩子卻不是全然的不挑食，例如我們家中吃糙米，但是老大對於紫米與五穀米（有黑色的米）卻非常排斥，直至到了幼兒園在老師的薰陶之下卻才開始接受，孩子甚至會跟我說：「媽媽，幼兒園阿姨煮的菜好好吃喔！」非常感謝幼兒園老師與行政人員如此充滿愛，以「愛」烹調出美味營養的料理給孩子吃。

　　我挑選幼兒園有一個很重要的指標—— 有自己的廚房與烹飪人員。唯有如此對食材的採買與烹調的方式才能做到完全的自我管控；雖然很多幼兒園都需要控制成本，但貴不代表營養，健康的食材、認真的沖洗、菜色口感的調整，才能擄獲孩子挑食的嘴！

　　感謝每一位幼教人士如此的盡心幫助孩子建造良好、均衡的飲食習慣，孩子是未來的棟樑，我在糖尿病門診職業18年間，眼見糖尿病的發病年紀由50至60歲提前至30至40歲十分憂心，沒有健康的飲食就沒有健康的身體，師長真的扮演著非常重要的角色。這本日文翻譯書提供許多幼兒園的超人氣實作餐點，讓父母在家也可以照著做，讓孩子健康又不挑嘴。希望未來有一天我也能與幼教人士合作一起為兒童健康而努力，為國內的兒童量身訂做一本更貼近國內飲食習慣的書籍。

序言

每位家長都希望能為孩子準備美味的餐點，
更希望孩子能不挑食地吃下所有食材，充滿活力地健康長大。
正是抱著這樣的心情，在家掌廚的人才能每天不辭辛勞地在
廚房裡揮汗如雨地製作出一道道充滿的愛心料理吧！

但是，理想與現實總是背道而馳。
父母總會為了孩子胃口不佳及偏食問題傷透腦筋，
每天每天總是絞盡腦汁想盡辦法製作出讓孩子樂意大口吃下、
由衷發出讚嘆「好好吃喔」的料理。

我們體察到了各位父母的心聲，
特地採訪了多間以美味營養午餐出名的托兒所與幼兒園，
調查了最受孩子們歡迎的餐點，
在本書中以每次一餐的分量，統整出簡單又容易上手的食譜。

即使是孩子們最不喜歡的蔬菜及魚類等食材，
在本書中也介紹了許多孩子容易入口的人氣菜色！
不僅如此，就連食材的切法與煮法等也
都有詳盡說明，將各種料理時的小訣竅
也一併公開，讓孩子能更輕鬆地吃
下一道道美味佳餚。

除了正餐之外，本書中也介紹了相當豐富的手
工點心！只需簡單幾個步驟就能在短時間內完成的簡單點心，
以及讓人想像不到這是在家裡就可以做出的精緻點心，
我們都請專家們傳授了獨特的做法與技巧。

幼兒時期是「憑自己力量吃東西」的意識開始逐漸萌芽的時期。
正適合開始培養孩子的味覺發展以及加強孩子對用餐的興趣與關心。

為了培養孩子主動用餐的意識、味覺發展及對用餐的興趣，
首先必須要準備好的就是圍繞著全家人的「開心餐桌」！
此外，一起用餐的大人們在用餐時的引導也相當重要。

因此，在本書中也詳細訪查了各間托兒所與幼兒園，
深入簡出地統整了許多在家裡就可以輕易模仿的小技巧，
加強孩子對用餐的興趣，
在不知不覺中製造出讓孩子吃得碗底朝天的氛圍與歡聲，
讓用餐時光變得更讓人期待。

這本書便是為了天下每一位每天絞盡腦汁設法為孩子
準備豐富美味的餐點、製造愉悅家庭環境的父母所量身打造，
希望能夠為全天下的家庭都帶來幫助。

關於本書

《 分量 》

書中每一道正餐與點心的食譜，都是以成人2人份、小朋友2人份的分量為基礎所設計，不過依照小朋友的年齡與食量不同，分量當然也會具有差異，因此在本書中所標明的分量僅為參考用，請各家庭依照家中實際上用餐的情形來調整食譜分量。此外，為了能在家庭中烹調出與人氣托兒所‧幼兒園中口味相近的料理，不同的托兒所‧幼兒園所採用的食材分量也有所不同，這一點也請依照適合家人的口味與食量做出些微調整。

─ 閱讀方式 ─

在食材的欄位中，若是食材與食材的中間有空行，便代表是調味料等在料理前須先準備的材料。

海帶芽沙拉

食材（成人2人、小朋友2人份）

含鹽海帶芽	40g
小黃瓜	1根
鹽	適量
紅蘿蔔	1/2根
火腿	4片
醋	2大匙
沙拉油	2大匙
醬油	1大匙

作法

1 去除含鹽海帶芽多餘的鹽分，切成一口大小。

2 將小黃瓜切成細絲，灑上一點鹽攪拌醃漬。

3 將紅蘿蔔切成細絲，放入滾水中煮到變軟。火腿片切成細絲，放入水中漂大約10秒鐘。

4 過濾掉作法1、2、3食材的水氣，並充分攪拌均勻。

5 均勻混和醋、沙拉油、醬油，做成沙拉醬，淋在作法4的食材上即完成。

【去除含鹽海帶芽多餘的鹽分】
取一大碗放入清水，在
海帶芽以便去除鹽分。
去鹽分後的海帶芽，
約5分鐘的時間重新
附的程度差不多的
芽。取出海帶芽時
芽，才能徹底去除水

油豆腐金針菇味噌湯

食材（成人2人、小朋友2人份）

豆腐	1/2〜2/3塊
油豆腐	1片
金針菇	1/2包
高湯	600ml
味噌	1/2大匙

作法

1 將豆腐切成小丁狀。將油豆腐切成3等份的長條狀後，再切成1〜2cm寬的條狀。將金針菇的根部切除後，再從中央橫切成一半。

2 在鍋中放入高湯、油豆腐及金針菇後再開火。將金針菇煮軟後放入豆腐，味噌使味噌湯勾芡即完成。

《 作法 》

─ 食材的事先處理 ─

像是清洗蔬菜、去皮、去頭去尾等各種基本的事前準備工作，在正式的作法當中有時候會直接省略不提。

紅	製造血液與肌肉 豆腐、鮭魚、雞肉、起司、味噌
黃	產生熱量與力氣 米飯、馬鈴薯、三溫糖（黃砂糖）、片栗粉（太白粉）、芝麻
綠	調節身體機能 薑、玉米、牛蒡、洋蔥、海帶芽

《 營養標示法 》

在每一道食譜中所使用的食材，本書中將其營養機能分為紅、黃、綠等三種領域來區分。如果想要稍微改變菜色，只要注意保持紅、黃、綠的營養均衡配置，就可以隨心所欲做出自己專屬的菜單囉！

紅	黃	綠
製造血液 與肌肉 蛋白質、鈣質	產生熱量 與力氣 澱粉類、脂肪	調節 身體機能 維生素、礦物質、膳食纖維

《 避免過敏的作法 》

食譜中若出現容易引發物過敏的三大過敏原——蛋、乳製品、小麥時，會在同一頁食譜中詳細列出托兒所．幼兒園所採取的避免過敏對策。若是在食譜當中出現了三大過敏原卻沒有標示對策，或是小朋友還有對其它食材會產生過敏反應的話，請在料理時直接將該項食材刪除不用即可。

避免過敏的作法　🐄 乳製品　👁 蛋　🌾 小麥

利用濃湯塊來取代白醬

若是小朋友會對製作白醬的材料產生過敏，則可以使用不含蛋、乳製品、小麥等過敏原的市售濃湯塊來取代白醬。

調理時的小訣竅

有時料理的美味關鍵就在於淋醬的多寡，像是涼拌冬粉。建議大家一定要按照食譜上的分量來製作，用量匙計算，就能製作出美味的淋醬！

《 料理時的關鍵步驟與專門用語 》

書中也會特別介紹料理步驟之外的關鍵訣竅，例如將乾燥食材恢復水分、預先燙熟食材、或是預防食材久煮變形的方法等。除此之外，像是「剛好蓋過食材」指的是多少份量？等料理時的專業用語也會特別設置一個欄位單獨說明。請先確認好基本用語的定義，再開始進行料理步驟。

【「剛好蓋過食材」指的是多少份量？】

料理步驟中常見到「剛好蓋過食材的○○」，指的是將食材平放於鍋中之後，於鍋內加剛剛好的水或高湯，讓大部分的食材浸泡於水中，但最上方還能看見部分食材露出的程度。在清燙食材或是燉煮時常會用到這個技巧，請大家先記起來吧！

《 各園的採訪介紹 》

書中也特別詳細採訪了各間托兒所．幼兒園，針對如何提升小朋友的用餐興趣、及如何解決偏食問題等議題，經營者的理念與用心與營養師在料理時所下的功夫都能一目了然，讓家長在家裡也可以輕鬆辦到。

料理的基礎

\ 動手之前先學會 /

料理的基礎

書中沒有任何需要複雜技巧的料理。正是因為每道料理的作法都非常簡單,因此只要確實掌握住料理的基本概念,就能輕鬆做出令人滿足的美味料理。

調味料的計算方式

在計算調味料用量時,通常都會利用計量工具或雙手來計算。
但是在計算用量時不必過於神經質,可以配合食材大小、或憑感覺來稍做微調,便能更加享受料理的樂趣。

以量匙測量時

 大匙 1

液體

將液體盛滿整支量匙,保持水平面靜止不動且不會溢出的分量。

粉狀

將粉末盛滿整支量匙呈現出小山的模樣,再以刮杓從橫向推平。半固體狀食材也要用同樣的方式測量。

大匙 ½

液體

大約盛裝至整支量匙 2/3 的深度。

粉狀
以刮杓推平粉末後,從正中央劃分一半的界線留在量匙內。

以量杯測量時

以量杯測量分量時,須將量杯放置在平穩處,從側面判斷量杯的刻度

用手測量時

少許
使用大拇指與食指這2根手指捏取。

一小撮
使用大拇指、食指與中指這3根手指捏取。

爐火大小

爐火大小是決定料理美味與否的重要關鍵。現在先來了解爐火強弱該如何判定吧!

小火
爐火非常微弱但不至於到消失。開小火時,火焰的高度應該是中火的一半。

中火
中火的火焰還帶點圓弧感,高度則會稍微碰到鍋底。料理時最常使用。

大火
整體火焰都非常旺盛的狀態,要注意別讓火焰從鍋底旁邊冒出。

油炸用油的溫度

如果能將油炸用油的溫度操控自如的話，就絕對能做出美味的炸物。一起記住下列的訣竅吧！

低溫 150～160℃

將乾燥的筷子插入油中，在筷子前端會冒出細微的泡泡。

中溫 170～180℃

將乾燥的筷子插入油中，插入油中的筷子部位皆冒出細微的泡泡。

高溫 180～190℃

將乾燥的筷子插入油中，插入油中的筷子部位皆冒出大量又強烈的泡泡。

蔬菜的預備處理

在烹調之前先將蔬菜處理乾淨，不僅味道會變得更好，製作起來也會更加方便，可說是好處多多。

撕取豆莢側邊的粗纖維

先將蒂頭的一邊折斷，順帶撕下另一邊連接著側邊的粗纖維。只要事先取下粗纖維，豆莢的口感就會變得更細嫩。

剔除馬鈴薯的芽眼

將馬鈴薯削皮之後，泡在水裡大約 10 分鐘左右，再將芽眼剔除。利用後方刀鋒以轉圈的方式剔除芽眼。

預先煮熟竹筍

1　先斜斜地切斷竹筍前端，再以縱向方式將竹筍表皮切出一道開口。

2　在鍋中放入大量清水，加入米糠（或洗米水）及 1～2 根辣椒，將竹筍放入水中一起煮大約 1 小時。

3　將竹筍放涼之後，以冷水將表面沾附的米糠沖洗乾淨，再沿開口剝去竹筍表皮。

清洗牛蒡

先以水柱沖刷掉牛蒡表面沾附的泥土。想要清除牛蒡的表皮時，可利用刀背、或是菜瓜布將表皮刮除。

蔬菜的保存方式

像是高麗菜與南瓜等大型蔬菜以及在烹飪時只會用到少量的蔬菜，先學會保存方式，在料理時就能更加無往不利！

高麗菜

在無法一次使用一整顆高麗菜的情況下，可先將最外層的菜葉剝除，如此一來就能使高麗菜保存得更久。如果是已經切開的高麗菜，可以先用潮濕的報紙包裹住，再放入塑膠袋中冷藏。

牛蒡

若是外皮還沾附有泥土的牛蒡，可用報紙整根包住，放置於通風陰涼處可保存 10 ～ 14 天左右。若是已經洗乾淨的牛蒡，則可利用潮濕的報紙包裹住，最外層再用保鮮膜包住覆蓋，放入冰箱的蔬果冷藏室，可以保存大約 1 週左右。

南瓜

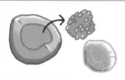

已經切開的南瓜，要先將中間的種籽與纖維清除乾淨，再完整覆蓋上保鮮膜，放入冰箱的蔬果冷藏室，大約可保存 1 週左右。如果要放入冷凍庫則要先切好烹調時方便使用的大小燙熟、放涼後，裝入保鮮袋中，再放入冷凍庫。

地瓜

如果是尚未使用過的完整地瓜，不需要放入冰箱，只要用報紙包好放在陰涼處即可。若是已經切開使用的地瓜，則需包覆上保鮮膜放入冰箱，並且盡快使用完畢。

白蘿蔔

將蘿蔔葉切掉，並且趁切口還沒乾燥前以保鮮膜包好，放入冰箱的蔬果冷藏室中保存。如果要白蘿蔔冷凍保存時，則必須先製作成蘿蔔泥、或是切成細長條狀撒上鹽，去除水氣後，將蘿蔔條放入冷凍用保鮮袋中，存放於冷凍庫。

豆芽菜

由於豆芽菜不能放太久，因此必須盡快使用完畢。如果不能馬上用完，必須在豆芽菜上淋上熱水，去除水氣後再放入保鮮袋中保存。

鴻喜菇

將剩下的鴻喜菇使用保鮮膜完整包覆後放入冰箱冷藏，大約可保存 3 ～ 4 天。如果要冷凍，則必須先切除根部，將鴻喜菇一根根分開，放入冷凍用保鮮袋再放置冷凍庫，如此一來則可以保存大約 1 個月。

蔥

尚未使用完畢的蔥，可分段切成適當的長度，利用保鮮膜完整包覆後放入冰箱的蔬果冷藏室中，以直立的方式保存，可以維持大約 10 天左右。如果要冷凍，則必須先切成蔥花，去除水氣後放入冷凍用保鮮袋中，再放入冷凍庫保存，約可存放 1 個月。

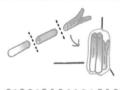

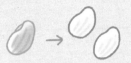

米飯與高湯

於本書當中會出現的米飯與高湯種類，都在本頁一併介紹。

米 就算只是改變了米飯的種類，也能為餐桌增添變化。一起來嘗試看看各式各樣的米飯吧！

營養價值

精緻白米

精緻白米指的是稻穀經加工脫去稻殼、並碾去米糠層、再去除胚芽後留下的白米，最好在1個月內吃完，食用起來最美味。可將白米放入有蓋的盒子內，保存於冰箱中冷藏。

發芽糙米

糙米比一般的白米營養價值更高。發芽糙米就是指使糙米發芽後的狀態，營養價值會變得比原先更高。發芽糙米很容易用炊飯鍋烹煮，因此可以用來輕鬆取代餐桌上的白米。

多穀米

在白米中摻入小麥、粟米、豆類、稗子、黍米等多種穀物，如此一來便能大幅提升米飯當中的維生素、礦物質與膳食纖維。目前市面上有販售許多種類的多穀米，當中添加的穀類也有所不同。

高湯 高湯可說是料理的基礎。在有時間的時候可以一次大量製作高湯，再存放於冰箱冷凍，等到要使用的時候就能立即取出使用。

柴魚高湯的製作方式

1 在滾水當中加入柴魚片，等到柴魚片完全浸在水裡之後即可關火。

2 等柴魚片完全沉入鍋底後，再將柴魚片過濾掉，即完成柴魚高湯。

昆布高湯的製作方式

1 利用擠乾水分的濕布輕輕擦拭昆布表面的髒污，在昆布上剪出幾道開口。

2 將昆布放入水中，等待30分鐘後，再開火熬煮昆布高湯。

3 整鍋水快要沸騰前，把火關熄，取出鍋中的昆布即完成。

小魚乾高湯的製作方式

1 將小魚乾的頭與內臟清除。

2 將小魚乾放入水中，等待30分鐘以上，再開火熬煮大約7～8分鐘左右。仔細撈除水上的浮沫。

※ 取一容器，倒入清水及清除頭部與內臟的小魚乾，放置於冰箱一個晚上的時間，也同樣能製作成高湯。

與家人同樂的季節活動與時令餐點

3月

3月時的女兒節是日本為了祈求女孩平安健康成長的節日。象徵著未來與另一半成雙成對的蛤蜊湯，以及加入預先美好未來的蓮藕等吉祥食材的散壽司，都是廣為人知的女兒節料理。

4月

漂亮的櫻花盛開，全家人不妨一起到外頭賞櫻兼野餐吧！這個時，野餐便當也是最令人期待的一環，簡簡單單的便當；就能讓家人感受到妳的心意。只要準備簡單的飯糰或三明治、玉子燒、炸雞塊等常見的便當菜，就能帶來不一樣的樂趣。

5月

5月5日自古以來這是專屬於男孩的節日，但時至今日已經不分男女都可以同時慶祝。這天，大家會利用色紙製作出武士人偶與鯉魚旗作為裝飾，品嚐柏餅、泡菖蒲澡等，展開各式各樣的有趣活動。在這天的餐桌上，也不妨特別為了孩子製作午餐，讓全家人一起度過特別的一天吧！

6月

一到了6月，梅子開始結出果實，這時候可以與孩子一起動手製作梅子糖漿、梅子果醬、梅干等各種梅子加工品，再一起品嚐親子同樂的成果。利用梅子製作而成的加工食品，大部分都不需要開火就可以輕鬆製作，不妨讓孩子多多幫忙吧！
（註：台灣的產季是3月下旬～5月中旬）

7月

只要一提到7月的節日，就非七夕莫屬了。在紙箋寫上自己的心願，與家人一起抬頭仰望星空，是多麼美好的場景！不過這段期間天氣較為悶熱，食慾不振的情形也所在多有，因此在七夕當天，就讓全家人一邊吃著清涼的冷麵降降暑氣，一邊遙望天際的浪漫銀河吧！

8月

穿上這個時節最當令的浴衣，開開心心地出發去參加夏日祭典、或是跳盂蘭盆舞……，對小孩來說真是最開心的時光了！在這個月的餐桌上也不妨準備一些祭典美食如烤玉米、炒麵、章魚燒等，讓孩子在家裡也能感受到濃濃的夏日祭典氣息，營造出有趣的晚餐時光！

在本書採訪的幼兒園中，也會配合每個季節的節日，讓孩子們品嚐到專屬於每個時令的特色料理。藉由享受用餐的樂趣，誘發孩子們對飲食方面的興趣，提升小孩對於沒吃過的食物「好想吃吃看」的心情！在此就要介紹配合每個季節的節日，讓全家人都能共同享受用餐樂趣的「料理小靈感」。

秋

9月

能欣賞到渾圓飽滿月亮的中秋節，與孩子一起欣賞在夜空中散發皎潔光芒的月亮吧！說到賞月，就不免令人想起各種丸狀料理，與月亮同樣渾圓的可愛外型，放在餐桌上一定也會很有趣吧！將圓圓的肉丸子、捏成圓形的飯糰、加入了白色小湯圓的甜點等……，運用靈活百變的創意，讓全家人也在餐桌上欣賞不一樣的月圓吧！

10月

10月31日是眾所期待的萬聖節。提到萬聖節就必定會想到南瓜了，南瓜可以做成沙拉、湯品等料理，還有南瓜派與布丁、杯子蛋糕等甜點，讓全家人一起享用南瓜大餐也是一個不錯的主意。

11月

11月有祈求小孩平安成長的七五三節，讓孩子穿上華麗的正式和服，前往神社參拜祈福，這樣的姿態是多麼可愛啊！在家裡慶祝時只要在餐桌上準備豐富漂亮的散壽司、或是親手製作捲壽司，旁邊再放一些孩子喜歡的小菜，只要看起來跟平常的晚餐有一點點不同就OK。

冬

12月

12月最令人期待的就是聖誕節了！親手做出美味的蛋糕、旁邊再擺上家人們喜歡的各式料理，讓全家人一起度過美好的夜晚吧！此外，在冬至這一天，日本自古以來習慣泡柚子澡祈求無病消災、並且品嚐南瓜料理與紅豆粥。值得一提的是，南瓜中的β胡蘿蔔素含量超高！多吃些富含營養的食物才能健健康康地度過寒冬，可說是前人智慧的累積。

1月

慶祝新年的1月分，祈求新的一年五穀豐收、象徵繼續辛勤工作的黑豆料理等，在餐桌上絕對不可或缺這些含有好兆頭意義的料理。就算只有其中的1道料理也好，讓孩子一起動手幫忙，也能讓孩子實際體驗到傳統的飲食文化。此外，在日本習俗中每年1月7日當天早晨都要吃的七草粥，祈求新的一年大家都能健康平安。

2月

日本自古以來，到了春分之日都要撒豆驅邪，並在樹枝前端插上沙丁魚的頭擺在玄關作為裝飾，象徵「鬼往外、福往內！」的含意，這個時節中有各式各樣自古以來傳承下來的習俗。最近，也有很多人習慣在春分之日品嚐惠方捲。習慣上大家會朝向該年的好運方位，一邊許下自己的心願、一邊靜靜地吃掉一整條惠方捲。由於小孩子沒辦法吃完一整條惠方捲，因此也可以試著為孩子準備細捲壽司，方便食用！

AKANE 托兒所的午餐

 埼玉

從每天的
午餐中獲得
自理生活的能力！

1 在孩子的周遭烹煮料理

托兒所的正中央就是準備午餐的料理部，不時可以看到孩子們打開大大的窗戶詢問：「今天中午吃什麼？」從窗戶那側飄來的美味香氣，常引得孩子們偷偷吞口水。在家裡也不妨將廚房設置在開放空間，從準備做飯時就開始刺激孩子的感官，誘發孩子的食慾吧！

2 讓孩子養成主動取食的習慣

在 AKANE 托兒所中，是由孩童自己盛取營養午餐的菜色，藉由自助取餐，讓孩子從被動地接受「要把這些都吃掉喔！」轉變為自己主動表達「我想吃這個！」、「還想再吃更多！」，培養孩子主動積極取食的習慣，而且也可以讓孩子了解自己的食量。

看起來好好吃

AKANE 托兒所為了貫徹「如同家庭般托兒所」的經營理念，也將這樣的理念反映在營養午餐，在學童們的餐桌上，經常可以看到充滿豐富蔬菜的簡單樸實料理。讓孩子們自己盛飯、自己取用菜餚，藉由自助式的用餐方式，培養孩子們照顧自己日常生活的能力。

3 讓孩子快樂用餐
不強迫矯正偏食

對幼兒期的孩童來說，快快樂樂地吃東西非常重要。以樂觀的心態期待「就算孩子現在還不敢吃，以後長大了就自然會吃了」，做好心理準備不強迫孩子矯正偏食。如果是孩子不太敢吃的東西，就算只讓孩子吃小小一口也 OK，當孩子吃下那一口時，就要大大鼓勵讚美他！

活力滿滿

4

調味清淡
卻非常美味的調理方式

這是學童為自己盛裝的午餐，盤子上只有一塊漢堡排，搭配一根秋葵及少許南瓜……。只要孩子能夠開開心心地吃飯，就算分量少了點也沒關係！

靈活運用食材天然原味的料理，有助於孩子們的健康及味覺發展。藉由製作高湯、不使用化學調味料，讓食材發揮天然的美味，為孩子的飲食習慣打下良好基礎。此外，這間托兒所的點心時間，每次都是提供新鮮水果，藉由品嚐新鮮水果，讓孩子了解食物天然的滋味。

無論是漢堡排或南瓜料理，靈活運用食材原味就是調理時的基礎。利用簡單的調理法就能創造出美味料理，真的很吸引人！

利用小巧思搭配鮭魚就是關鍵

鹽烤鮭魚佐玉米美乃滋

即使是不喜歡吃魚的孩子，
只要搭配上美乃滋與玉米一起烤，就能大幅提升孩子的食慾。
旁邊搭配的芝麻牛蒡條以及燉煮馬鈴薯等配菜，
都是利用簡單的調理法襯托出食材的天然原味與美味口感。

豆腐海帶芽味噌湯

玄米飯

燉煮馬鈴薯

芝麻牛蒡條

紅	製造血液與肌肉 鮭魚、雞絞肉、豆腐、 海帶芽、起司粉、味噌
黃	產生熱量與力氣 馬鈴薯、米飯、美乃滋、 片栗粉（太白粉）、 三溫糖（黃砂糖）、芝麻
綠	調節身體機能 玉米、薑、牛蒡、洋蔥

鹽烤鮭魚佐玉米美乃滋

🏠 鹽烤鮭魚佐玉米美乃滋

食材 （成人2人、小朋友2人份）

玉米粒（罐頭）	100g
鮭魚	6片（240g）
美乃滋	1/2杯
鹽	少許
胡椒	少許
起司粉	適量

作法

1. 以篩子過濾掉玉米粒的水分，將玉米粒與美乃滋均勻攪拌。將烤箱預熱至230℃。

2. 將鮭魚的兩面都撒上鹽與胡椒，將鮭魚面積較大的那一面朝上（含魚皮的那一面朝下），上方鋪上作法 1 並撒上起司粉。

3. 在烤盤上鋪好烘培紙，將作法 2 的鮭魚併排於烤盤上，利用已預熱好的烤箱烘烤大約 10 分鐘即完成。

避免過敏的作法 ………… 🐄 乳製品 蛋

使用不含蛋的美乃滋

在 AKANE 托兒所中，製作這道料理時使用的是不含蛋的美乃滋，以避免引起小朋友過敏。此外，也同時省略灑起司粉這個步驟，直接烘烤鮭魚。

正確的餐桌配置

🏠 燉煮馬鈴薯

食材 （成人2人、小朋友2人份）

馬鈴薯	5個
雞絞肉	120g
薑	1小塊
高湯	500ml
Ⓐ 三溫糖（黃砂糖）	3/4大匙
Ⓐ 醬油	1大匙
栗粉水（太白粉水）	適量
（※太白粉與水的比例為1：2）	

作法

1. 將馬鈴薯切成容易入口的大小，浸泡於水中。將薑磨成薑泥。

2. 將高湯與調味料 Ⓐ 均勻攪拌。

3. 鍋中放入雞絞肉、薑泥，再放入 1/4 分量作法 2 的高湯一起燉煮。雞絞肉熟了之後，再加入太白粉水，使口感黏稠。

4. 另取一鍋，倒入剩下的高湯與馬鈴薯，煮到馬鈴薯變軟。

5. 將作法 3 與作法 4 均勻混合即完成。

【太白粉水】

製作太白粉水的時候，太白粉與水的比例要掌握在 1：2，就能製造出恰到好處的濃稠口感。

芝麻牛蒡條

食材 （成人2人、小朋友2人份）

牛蒡	20cm（60g）
高湯	適量
三溫糖（黃砂糖）	3/4大匙
醬油	1大匙
白芝麻	2大匙

作法

1　牛蒡洗淨，切成大約5cm的長度；較粗的部分再從上方切成4份，浸泡於水中5～10分鐘。

2　在鍋中放入牛蒡，以及剛好蓋過食材的高湯，煮到竹籤可以直接插入牛蒡的軟度。

3　將三溫糖（黃砂糖）、醬油、白芝麻均勻攪拌後，淋在放涼後的作法 2 上、拌勻。

【「剛好蓋過食材」的分量是？】

指的是將食材平放於鍋中之後，於鍋內加剛剛好的水或高湯，讓大部分的食材浸泡於水中，但最上方還能看見部分食材露出的程度。在清燙食材或是燉煮時常會用到這個技巧，請大家先記起來吧！

豆腐海帶芽味噌湯

食材 （成人2人、小朋友2人份）

洋蔥	3/4個
豆腐	1/2～2/3塊
乾燥海帶芽	適量
高湯	600ml
味噌	1又1/2大匙

作法

1　將洋蔥切成一口大小，將豆腐切成小丁狀。

2　在鍋中放入高湯與洋蔥以中火燉煮。待洋蔥煮軟之後加入豆腐，再放入味噌使其均勻融化。

3　熄火，在湯中放入乾燥海帶芽即完成。

【切成小丁狀】

切成小丁狀指的是，將食材切成長寬高皆1cm左右、宛如骰子狀的小立方體。以豆腐為例，將豆腐放置在砧板上，先從橫向估算1cm的寬度，以與砧板平行的方向橫切豆腐，再從正上方估算1cm的寬度，以與砧板垂直的方向切開。

玄米飯

食材 （成人2人、小朋友2人份）

白米	2杯
	（在2杯中取出2大匙的分量）
發芽玄米	2大匙

作法

1　將白米與發芽玄米均勻混合後再洗米。放入炊飯器中，加入建議（2杯）的水量炊煮。

適合想要大口吃肉的時候！

紅燒雞小腿

帶骨雞小腿搭配紅燒紫萁蕨與海帶芽沙拉。
這幾道菜色簡直就像是大人的餐點，
不過只要聰明的搭配組合，
小朋友絕對也會喜歡！

紅	製造血液與肌肉
	雞小腿、油豆腐、海帶芽、火腿、豆腐、味噌
黃	產生熱量與力氣
	飯、黃砂糖（三溫糖）、沙拉油
綠	調節身體機能
	紫萁蕨、大蒜、薑、紅蘿蔔、乾燥香菇、小黃瓜、金針菇

海帶芽沙拉

紅燒雞小腿

紅燒紫萁蕨

玄米飯

油豆腐
金針菇味噌湯

🏠 紅燒雞小腿

食材 （成人2人、小朋友2人份）

雞小腿（連接翅膀的部位）……10支
大蒜……………………………………1瓣
薑（切薄片）………………………2～3片
Ⓐ ┌ 三溫糖（黃砂糖）………………1小匙
　 │ 醬油……………………………1大匙
　 └ 醋………………………………2小匙
水………………………………………1杯

作法

1　大蒜去皮、切出切口。

2　雞小腿先用滾水汆燙。

3　在鍋中放入薑片、大蒜、雞小腿，再加入調味料Ⓐ與水慢火燉煮，直到食材煮軟為止。

調理時的小訣竅

【將雞肉預先汆燙】

為什麼要先汆燙雞肉呢？這是因為可以去除雞肉的腥味與多餘脂肪，也能讓料理變得更加美味。

汆燙雞肉的方式非常簡單，將雞肉放入滾水中，等到雞肉表面呈現白色時就可以將雞肉取出並瀝乾水分。要是一次放入太多雞肉，會使整鍋滾水的溫度急遽下降，因此要是肉量較多時，最好分成數次汆燙。

🏠 紅燒紫萁蕨

食材 （成人2人、小朋友2人份）

紫萁蕨（水煮）…………………………120g
紅蘿蔔…………………………………1/2根
乾香菇……………………………………3個
油豆腐……………………………………2片
沙拉油…………………………………適量
Ⓐ ┌ 三溫糖（黃砂糖）………………2小匙
　 │ 醬油……………………………2小匙
　 └ 高湯……………………………適量

作法

1　將紫萁蕨切成5cm的長度。將紅蘿蔔斜切成薄片狀，再切絲。

2　將乾香菇浸泡在剛好蓋過頂部的水中泡軟，將香菇水留下備用。取出香菇瀝乾水氣後，切成薄片狀。

3　將油豆腐浸泡在熱水中，去除掉多餘的油分，切成5mm寬度的薄長方片。

4　在熱鍋中倒入適量沙拉油，拌炒紅蘿蔔及紫萁蕨，再將作法2的香菇水倒入鍋中。

5　放入油豆腐與調味料Ⓐ，煮到紅蘿蔔變軟、湯汁收乾為止。

【乾香菇泡水還原】

將乾香菇泡水處理時，記得使用低溫的水，才能引出香菇原本的甜味。首先，用水沖洗乾掉香菇表面的髒污，再將乾香菇放入容器中，加冷水到剛好覆蓋過食材的高度，蓋上蓋子放入冰箱。薄片乾香菇需要幾個小時的時間；若是較為厚實的乾香菇則需要花上半天以上的時間才能還原。

🏠 海帶芽沙拉

食材 （成人2人、小朋友2人份）

```
含鹽海帶芽·······················40g
小黃瓜····························1根
鹽······························適量
紅蘿蔔·························1/2根
火腿····························4片
   ┌ 醋·························2大匙
Ⓐ │ 沙拉油·····················2大匙
   └ 醬油·····················1大匙
```

作法

1 去除含鹽海帶芽多餘的鹽分，切成一口大小。

2 將小黃瓜切成細絲，灑上一點鹽攪拌醃漬。

3 將紅蘿蔔切成細絲，放入滾水中煮到變軟。火腿片切成細絲，放入水中涮大約10秒鐘。

4 過濾掉作法1、2、3食材的水氣，並充分攪拌均勻。

5 均勻混和醋、沙拉油、醬油，做成沙拉淋醬，淋在作法4上即完成。

【去除含鹽海帶芽多餘的鹽分】

取一大碗放入清水，在碗中清洗含鹽海帶芽以便去除鹽分。以大量的水洗去鹽分後的海帶芽，要浸泡在碗中大約5分鐘的時間重新醃漬，感覺鹽分附著的程度差不多的時候再取出海帶芽。取出海帶芽時，要用力擰乾海帶芽，才能徹底去除水分。

🏠 油豆腐金針菇味噌湯

食材 （成人2人、小朋友2人份）

```
豆腐··················1/2～2/3塊
油豆腐··························1片
金針菇·························1/2包
高湯·························600ml
味噌·························1/2大匙
```

作法

1 將豆腐切成小丁狀。將油豆腐切成3等份的長條狀後，再切成1～2cm寬的條狀。將金針菇的根部切除後，再從中央橫切成一半。

2 在鍋中放入高湯、油豆腐及金針菇後再開火。將金針菇煮軟後放入豆腐、味噌使味噌均勻融化即完成。

🏠 玄米飯

食材 （成人2人、小朋友2人份）

```
白米····························2杯
   （在2杯中取出2大匙的分量）
發芽玄米·····················2大匙
```

作法

1 將白米與發芽玄米均勻混合後再洗米。放入炊飯器中，加入建議（2杯）的水量炊煮。

運用味噌與醬油做出媽媽的味道
和風麻婆豆腐

和風麻婆豆腐最適合出現在家裡的餐桌上了！將香氣撲鼻的麻婆豆腐淋在飯上，做成麻婆豆腐丼也非常美味。雖然羊栖菜通常都是以燉煮的方式料理，不過也可以試著涼拌美乃滋，挑戰出乎意料的嶄新滋味吧！

豆芽培根味噌湯

玄米飯

鮪魚羊栖菜沙拉

甜煮南瓜

和風麻婆豆腐

紅	製造血液與肌肉
	豆腐、豬絞肉、羊栖菜、鮪魚、培根、味噌
黃	產生熱量與力氣
	米飯、黃砂糖（三溫糖）、麻油、太白粉（片栗粉）、美乃滋
綠	調節身體機能
	乾香菇、蔥、紅蘿蔔、青椒、南瓜、小黃瓜、豆芽菜、大蒜、薑

🏠 和風麻婆豆腐

食材 （成人2人、小朋友2人份）

木棉豆腐······················1～1又1/2塊
乾香菇··························2～3個
水·····························150ml
蔥······························1/2根
紅蘿蔔···························1/3根
青椒······························1個
豬絞肉··························180g
大蒜······························1瓣
薑·····························1小塊
Ⓐ ┌ 醬油·························1大匙
　├ 味噌···············比1大匙少一些
　├ 黃砂糖（三溫糖）···········1小匙
　└ 酒·························1/2大匙
麻油······························適量
太白粉水··························適量
（※太白粉與水的比例為1:2）

作法

1 將豆腐用熱水燙過後瀝乾，切成小丁。將乾香菇浸泡在150ml的水中泡軟，再撐乾水分，香菇水留下備用。切掉香菇梗。

2 將調味料Ⓐ攪拌均勻備用。

3 將泡軟的香菇以及蔥、紅蘿蔔、青椒、大蒜、薑，切成碎粒狀。

4 在平底鍋倒入些許麻油，放入豬絞肉拌炒至變白，盛起備用。

5 另起油鍋，倒入些許麻油，依序放入大蒜、薑、蔥、紅蘿蔔、乾香菇拌炒，再加入作法4。

6 加入作法2的調味料均勻拌炒，再倒入香菇水、豆腐，煮滾。

7 最後放入青椒，並加入太白粉水，使口感黏稠。

🏠 甜煮南瓜

食材 （成人2人、小朋友2人份）

南瓜······························300g
三溫糖（黃砂糖）···············1大匙
水······························適量

作法

1 將南瓜切成一口大小。

2 在鍋中放入南瓜與三溫糖（黃砂糖），加入剛好蓋過食材的水量。一開始先開大火，等到煮滾後再轉為小火，直到南瓜變軟為止。

kitchen memo

使用三溫糖是 AKANE 托兒所的傳統！

AKANE托兒所從以前開始，料理時一直都是使用三溫糖，從未使用過普通砂糖或精緻白糖。由於三溫糖具有獨特的風味及甜味，因此非常適合用在燉煮或佃煮料理上。依照料理方式的不同，也可以分別使用不同的砂糖。雖然市面上販售的各種砂糖所含的營養價值差異並不大，不過比起其它砂糖，三溫糖內含的礦物質稍微高了一些。

正確的餐桌配置

🏠 鮪魚羊栖菜沙拉

食材 （成人2人、小朋友2人份）

羊栖菜（乾燥）…………………	12g
小黃瓜………………………	2又1/2根
鹽……………………………	適量
紅蘿蔔………………………	1/2根
鮪魚（罐頭）…………………	60g
醬油…………………………	1小匙
高湯…………………………	適量
美乃滋………………………	1/2杯

作法

1 將乾燥的羊栖菜泡軟，瀝乾水分。

2 在鍋中加入作法 1 與醬油，再倒入剛好淹蓋過食材的高湯，煮到水分收乾，放涼備用。

3 將小黃瓜切成細絲，撒一點鹽均勻攪拌，擠去水份。紅蘿蔔切成細絲，燙熟備用。使用濾網濾掉罐頭鮪魚多餘的油分。

4 將作法 2 與作法 3 攪拌均勻。

5 淋上美乃滋即完成。

避免過敏的作法 ………………… 🥚 蛋

> 在AKANE托兒所中，使用的是不含蛋的美乃滋，以避免引起小朋友過敏，因此就算是會對蛋過敏的小朋友，也可以開心地享用這道餐點。如果在家裡要做這道菜時，也可以使用不含蛋的美乃滋，讓全家人一起享用同樣的美味餐點。

🏠 豆芽培根味噌湯

食材 （成人2人、小朋友2人份）

豆芽菜………………………	1/2包
培根…………………………	1又1/2片
高湯…………………………	600ml
味噌…………………………	1又1/2大匙

作法

1 豆芽菜洗淨、去頭尾。培根切成易入口的大小以滾水汆燙。

2 在鍋中加入高湯與作法 1 燉煮至軟；再放入味噌，煮至均勻融化即完成。

調理時的小訣竅

【預先汆燙培根】

取湯鍋，將切好的培根放入滾水中汆燙，約10秒鐘後取出、瀝乾。

🏠 玄米飯

食材 （成人2人、小朋友2人份）

白米…………………………	2杯
	（在2杯中取出2大匙的分量）
發芽玄米……………………	2大匙

作法

1 將精製白米與發芽玄米均勻混合後再洗米。放入炊飯器中，加入建議（2杯）的水量炊煮。

豐富的口感讓人越吃越過癮！

酥炸蓮藕肉丸子

主菜是鬆鬆軟軟的蓮藕肉丸子，搭配上熱騰騰
的牛奶燉煮馬鈴薯，以及滑溜溜的涼拌冬粉。
在一盤佳餚當中充滿各種豐富的滋味，
更結合了多樣化的口感，讓人感到樂趣無窮！

馬鈴薯洋蔥
味噌湯

鯧仔魚飯

紅	製造血液與肌肉
	雞絞肉、蛋、牛奶、
	火腿、鯧仔魚、味噌
黃	產生熱量與力氣
	馬鈴薯、冬粉、米飯、
	低筋麵粉、麻油、沙拉油、
	三溫糖（黃砂糖）、芝麻
綠	調節身體機能
	蓮藕、小黃瓜、大蒜、
	豆芽菜、洋蔥、薑

涼拌冬粉

牛奶燉煮
馬鈴薯

酥炸蓮藕肉丸子

酥炸蓮藕肉丸子

食材 （成人2人、小朋友2人份）

```
蓮藕······································150g
薑········································1小塊
雞絞肉··································300g
蛋········································1個
    ┌ 低筋麵粉······················3大匙
Ⓐ  │ 麻油··························1小匙
    └ 鹽······························少許
沙拉油··································適量
```

作法

1. 以研磨器將蓮藕與薑磨成泥，裝進碗裡備用。

2. 在作法1的碗中放入雞絞肉、蛋以及調味料Ⓐ，攪拌均勻。

3. 將沙拉油加熱至中溫程度（約160℃），使用2支湯匙將作法2塑型成小顆的圓球狀，放入鍋中油炸。等到肉丸子浮起時，再開大火將肉丸子炸得更加酥脆。

避免過敏的作法 ········· 蛋　 小麥

即使不加蛋也一樣好吃！
在 AKANE 托兒所中，如果有對蛋過敏的小朋友，他的那一份蓮藕肉丸子中就不會加蛋，除了這點之外其餘的料理步驟都相同。若有小朋友對小麥過敏，就以片栗粉（太白粉）取代低筋麵粉。

🏠 牛奶燉煮馬鈴薯

食材 （成人2人、小朋友2人份）

```
馬鈴薯··································5個
牛奶····································350ml
鹽······································少許
```

作法

1. 將馬鈴薯切成容易入口的大小後，浸泡在水中備用。

2. 在鍋中放入馬鈴薯，並加入剛好蓋過馬鈴薯分量的水，撒上一小撮鹽（不包含在食材中），待馬鈴薯變軟後，取出馬鈴薯並濾乾水氣。

3. 在鍋中放入煮軟的馬鈴薯，加入剛好蓋過馬鈴薯的牛奶，撒上少許鹽，蓋上鍋蓋煮3分鐘左右即可。

避免過敏的作法 ···················· 乳製品

用簡單的鹹味來調味即可！
如果是會對牛奶過敏的小朋友，這道料理的作法就改成不加牛奶、只要用少許鹽來調味即可，做出來的成品外觀看起來跟牛奶燉煮馬鈴薯的差異並不大。

正確的餐桌配置

🏠 涼拌冬粉

食材 （成人2人、小朋友2人份）

冬粉	45g
小黃瓜	1根
鹽	適量
紅蘿蔔	1/3根
火腿	3片
豆芽菜	1/2包
Ⓐ ┌ 醬油	比1大匙稍多一些
├ 醋	1又1/2大匙
├ 麻油	1小匙
└ 三溫糖（黃砂糖）	1又1/2大匙

作法

1 將冬粉預先燙熟後，切成容易食用的長度。

2 將小黃瓜切成細絲，撒一點鹽均勻攪拌。

3 將紅蘿蔔與火腿切成細絲，放入滾水中燙熟。豆芽菜燙熟備用。

4 將作法1、2、3瀝乾後放入碗中，淋上涼拌用淋醬Ⓐ攪拌均勻即可。

調理時的小訣竅

這道涼拌冬粉美味的關鍵就在於調味的淋醬。建議大家一定要按照食譜上的分量來製作，用量匙精密計算，就能製作出美味的淋醬！

🏠 馬鈴薯洋蔥味噌湯

食材 （成人2人、小朋友2人份）

馬鈴薯	2個
洋蔥	3/4個
高湯	600ml
味噌	1又1/2大匙

作法

1 將馬鈴薯及洋蔥切成一口大小。

2 在鍋中放入高湯與作法1，開火熬煮至馬鈴薯變軟，再放入味噌待其均勻融化即完成。

🏠 魩仔魚飯

食材 （成人2人、小朋友2人份）

白米	2杯
	（在2杯中取出2大匙的分量）
發芽玄米	2大匙
魩仔魚	100g
薑	1小塊
Ⓐ ┌ 醬油	1大匙
└ 三溫糖（黃砂糖）	1又1/2大匙
水	適量
焙煎白芝麻	少許

作法

1 將白米與發芽玄米均勻混合後再洗米。放入炊飯器中，加入建議的水量（2杯）炊煮。

2 將魩仔魚放入滾水中燙熟，瀝乾備用。以研磨器將薑塊磨成泥狀。

3 另取一鍋，放入作法2與調味料Ⓐ，加入剛好蓋過食材分量的水一起煮至水分收乾，撒上少許焙煎白芝麻。

4 在飯碗中盛好玄米飯，撒上作法3即完成。

魩仔魚烤吐司

 點心的優點！

這是一道
含有豐富
鈣質的點心

食材 （成人2人、小朋友2人份）

魩仔魚	80g
吐司（切成6片）	2片
奶油	適量
美乃滋	2大匙

避免過敏的作法 ⬤ 蛋

在AKANE托兒所中，使用的是不含蛋的
美乃滋，以避免引起小朋友過敏，因此即
使是對蛋過敏的小朋友，也一樣可以和大
家享用同樣的餐點。在家裡要製作這道點
心時，也可以使用不含蛋的美乃滋，讓全
家人一起享用同一道點心。

作法

1 將魩仔魚放入滾水中迅速汆燙後撈起
放涼備用。

2 在吐司上塗抹適量的奶油。

3 將魩仔魚與美乃滋均勻混合攪拌，塗
抹於吐司上。

4 將吐司表面烤成金黃色即可上桌。

味噌飯糰

> 這道點心會讓人吃得好飽唷！

點心的優點！

利用剩下的白飯就可以輕鬆做好，飽足感滿分

食材 （成人2人、小朋友2人份）

白飯	成人用飯碗約3碗的分量
┌ 味噌	比3大匙略多
Ⓐ 研磨白芝麻	2又1/2大匙
└ 三溫糖（黃砂糖）	3大匙
水	20ml

作法

1. 在鍋中放入調味料Ⓐ與水後，熬煮至醬汁出現光澤。將烤箱預熱到220℃。

2. 利用擀麵棍之類的工具將白飯壓平搗碎，再捏成橢圓型，將作法1塗抹於飯糰上。

3. 在烤盤上鋪好烘培用紙，將捏好的飯糰置於烘培用紙上，送進烤箱烤大約7～10分鐘左右即可。

調理時的小訣竅

如果味噌醬汁還有剩時，可以至於玻璃瓶中保存，之後用來調味蒟蒻，或是加入芝麻做成味噌芝麻醬，用途相當廣泛。可以一次多做一點味噌醬汁保存起來，在忙碌時就能立即派上用場！

看起來有趣、吃起來美味的營養午餐！

山梨 NADESHIKO 托兒所的午餐

從豐富的午餐中獲得
健康的身體與心靈

2

藉由事前的說明，提升對用餐的期待感！

一大早，園裡的老師就會對孩子們說明當天的午餐與點心菜色，因此孩子們不僅都知道即將會吃到什麼料理，而且時間越到中午用餐時間、就會感到越來越興奮。在家裡也不妨採取這樣的作法，用晚餐前可以先和孩子聊聊關於晚餐的菜色，藉此大幅提升孩子對於用餐的期待。

1 以親手種植的蔬菜帶來充沛活力！

只要菜園裡收成了蔬菜，一定會出現在當天營養午餐的餐桌上。孩子們可以選擇一種自己想吃的蔬菜，滿足地大口吃下！因為是由孩子們輪流為蔬菜澆水灌溉所種植出來的，當然會覺得特別好吃，這也是一種讓孩子克服偏食的好方法。

今天我是
值日生！

NADESHIKO 托兒所不惜花費許多心思，推出各式各樣變化豐富的餐點，為孩子培育出健康的身心靈。不僅仔細研究出適合孩子一口吃下的餐點大小與溫度，還有會令孩子一看到便心花怒放的可愛擺盤設計，在在都使園內總是充滿了孩子吃得滿足的笑顏。

3 千變萬化的菜色
讓孩子盡情享受用餐時光

幼兒期正是讓孩子了解用餐樂趣與喜悅的黃金時期，使用多樣化的食材精心製作出千變萬化的餐點，可大大提升孩子用餐時的樂趣。在家裡也可以試著模仿宛如在餐廳用餐的菜色與氛圍，花點工夫讓在家用餐的感覺不再一成不變。

4 讓孩子時時懷有
感謝的心情……

提醒孩子記得感謝大自然的恩惠、提供食材的農夫、將食材調理得營養美味的廚師、為自己盛裝營養午餐的同學們等，對所有的人事物都抱持著感激的心情接受，如此一來也能培養出孩子豐富的心靈。在家裡用餐時，也要盡量將「謝謝」掛在嘴邊。

5 發揮巧思就能提升孩子的食慾

將蘋果削成兔子的形狀、把飯糰捏成孩子容易入口的一口大小、設計色彩豐富又可愛的擺盤等，像是這樣發揮巧思製作餐點，就是在幼兒時期加強孩子食慾的關鍵，讓孩子光是看到可愛的餐點就想吃！自然而然促進孩子對用餐的興趣。

在麵包中加入了焗烤、分量感十足！

小車車發動～
圓麵包焗烤盅

這款創意三明治是在
圓麵包裡面鑲進了滿滿的焗烤餡料，
呈現小汽車的造型。
無論是味道或視覺效果都超讚，
吃起來的口感也非常豐富！

燉煮蔬菜湯

羊栖菜沙拉

圓麵包焗烤盅

紅 製造血液與肌肉
雞絞肉、起司、牛奶、
小熱狗、羊栖菜、鮪魚

黃 產生熱量與力氣
奶油圓麵包、通心粉、
馬鈴薯、橄欖油、
麵包粉、奶油、
低筋麵粉、砂糖

綠 調節身體機能
洋蔥、綜合蔬菜、
小黃瓜、紅蘿蔔、
白蘿蔔、羅勒、萵苣、玉米

※小朋友的麵包分量為1個。

圓麵包焗烤沙拉盅

食材 （成人2人、小朋友2人份）

奶油圓麵包
……… 6個（成人2個、小朋友1個）
洋蔥…………………………1/2個
雞絞肉………………………100g
綜合蔬菜……………………100g
通心粉………………………50〜60g
鹽……………………………1小撮
橄欖油………………………1大匙
麵包粉………………………少許
小黃瓜………………………1/4根
披薩用起司…………………適量

【奶油白醬】
奶油…………………………50〜60g
低筋麵粉……………………50〜60g
牛奶…………………………600〜700ml
高湯粉………………………1大匙
鹽……………………………少許
胡椒…………………………少許

避免過敏的作法 …………………… **乳製品**

即使不使用奶油與牛奶，也可以製作出
美味的白醬！使用橄欖油取代奶油、並
且以豆奶來取代牛奶，也照樣可以製作
出美味營養的白醬！此外，放進烤箱焗
烤時也可以不灑起司。

作法

1. 用刀子剖開圓麵包的上半部。將烤箱預熱至180℃。

2. 接著製作白醬。在鍋中放入奶油，待奶油溶化後放入低筋麵粉與奶油融合，仔細翻炒避免將低筋麵粉炒焦。暫時熄火，一點一點地加入牛奶與低筋麵粉攪拌均勻後，再重新開火，仔細攪拌避免產生結塊。以高湯粉、鹽、胡椒調味後熄火。

3. 將洋蔥切成約5mm的小塊。

4. 將溫熱的平底鍋中倒入橄欖油，依序放入雞絞肉、洋蔥、綜合蔬菜，均勻拌炒。

5. 在湯鍋中加入大量的水，煮沸後放入少許鹽，將通心粉煮熟。

6. 在鍋中放入煮好的通心粉與作法4，再加入製作好的白醬，讓鍋中的食材都均勻沾附到醬汁。接著，將食材鑲入奶油圓麵包中，最上方撒上起司與麵包粉。

7. 放入烤箱，烤大約2〜3分鐘，讓表面呈現漂亮的金黃色。

8. 麵包烤好後，將切得稍厚的小黃瓜塊放在麵包四周，裝飾成小輪胎的模樣，就完成小汽車麵包盅囉！

🏠 燉煮蔬菜湯

食材 （成人2人、小朋友2人份）

馬鈴薯·······················1～2個
紅蘿蔔··························1/4根
白蘿蔔···························50g
洋蔥···························1/2個
小熱狗·······················2～3個
羅勒·························2～3株
水···························600ml
高湯粉····················2又1/2大匙
高湯塊···························1塊
鹽·····························少許
胡椒···························少許

作法

1 將馬鈴薯、紅蘿蔔、白蘿蔔、洋蔥等以滾刀塊切成小塊。小熱狗切成厚度1cm的圓塊後，再將其切成3等份。

2 在鍋中加入水、紅蘿蔔、白蘿蔔一起燉煮，待紅蘿蔔與白蘿蔔變軟，再加入馬鈴薯、洋蔥、小熱狗續煮5～10分鐘，待馬鈴薯變軟，將高湯粉與高湯塊、鹽、胡椒等調味料放入鍋中調味。

3 將煮好的蔬菜湯盛裝入碗中，上面撒上羅勒即完成。

【滾刀塊】

形狀屬於長條型的蔬菜都可以採用滾刀塊的方式切開，在砧板上一邊旋轉蔬菜、一邊變化切口的角度斜斜地將蔬菜切開。若像是馬鈴薯等形狀較圓的蔬菜，則可以一口大小為基準，以較斜的角度旋轉切開。

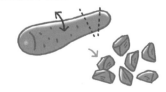

🏠 羊栖菜沙拉

食材 （成人2人、小朋友2人份）

羊栖菜（乾燥）·················2大匙
小黃瓜··························1/4根
紅蘿蔔··························1/4根
萵苣·························1～2大片
鮪魚（罐頭）····················1/2罐
玉米（罐頭）·····················1大匙
高湯（柴魚、昆布）················適量
鹽···························1/2小匙
Ⓐ ┌ 醬油···················1又1/2大匙
   │ 砂糖······················1大匙
   │ 醋····················1又1/2大匙
   │ 鹽·······················少許
   │ 胡椒······················少許
   └ 橄欖油·····················2大匙

作法

1 將乾燥羊栖菜放入大碗中，加入大量的水讓羊栖菜還原，等到羊栖菜變柔軟後，將羊栖菜移到濾網上，用水沖洗並將水分濾乾備用。

2 將小黃瓜、紅蘿蔔切成細絲，並將紅蘿蔔絲以滾水燙熟。將萵苣切成容易入口的大小，或用手掰開。

3 將鮪魚置於濾網上將多餘的油脂濾掉。玉米置於濾網上將多餘水分濾乾。

4 在鍋中放入羊栖菜，加入剛好蓋過羊栖菜分量的高湯後加入鹽，以小火煮5～10分鐘左右。

5 使用濾網將羊栖菜取出，並過濾掉多餘水分，使羊栖菜降溫。

6 取一大碗，放入沙拉淋醬的調味料Ⓐ，均勻攪拌。

7 將作法2、3及5都放入大碗中，淋上作法6攪拌均勻。

簡單又時髦的義大利餐桌
番茄肉醬義大利麵

洋溢著濃郁番茄香氣的肉醬義大利麵上，擺了許多炸蔬菜，只要稍微多花一點點功夫，就能製作出色香味俱全的義大利麵。旁邊再附上沙拉與甜點，就能讓平常平凡無奇的餐桌搖身一變成為義式餐廳般的氛圍！

義式奶酪
（佐水蜜桃果醬）

紅	製造血液與肌肉
	豬絞肉、腰背肉火腿、生奶油、起司、牛奶
黃	產生熱量與力氣
	奶油、無鹽奶油、砂糖、橄欖油、椰奶
綠	調節身體機能
	洋蔥、紅蘿蔔、芹菜、大蒜、番茄、茄子、南瓜、紅椒、小黃瓜、萵苣、紅萵苣、花椰菜、玉米、羅勒、玉米（罐頭）

綠色蔬菜沙拉
（佐羅勒淋醬）

番茄肉醬義大利麵

🏠 番茄肉醬義大利麵

食材 （成人2人、小朋友2人份）

洋蔥	1/2個
紅蘿蔔	1/3根
芹菜	1/4根
大蒜	1瓣
番茄	1/2個
茄子	1/2根
南瓜	150g
紅椒	1/2個
豬絞肉	100g
義大利麵	300g
鹽	適量
高湯粉	15g
高湯塊	1塊
熱水	300ml
油炸用油	適量
無鹽奶油	25g
Ⓐ 紅酒	2小匙
鹽	少許
胡椒	少許
荳蔻	少許
番茄糊	100g
番茄醬	70g
砂糖	少許
生奶油	1小匙
羅勒粉	2大匙
橄欖油	2大匙
起司粉	適量

作法

1. 將洋蔥、紅蘿蔔、芹菜、大蒜切成碎粒。番茄切成1cm的方塊狀備用。

2. 將茄子剖半、對切成半圓；南瓜切成厚度約7～8mm的薄片；紅椒切成2cm的小塊。

3. 以300ml的熱水將高湯粉及高湯塊溶解成高湯備用。

4. 熱油鍋，將作法2的茄子、南瓜、紅椒分別下油鍋炸熟。油鍋約160度（用筷子插入油鍋中，周圍會有小泡泡。）

5. 在平底鍋中放入無鹽奶油與大蒜，等到大蒜變成金黃色時，加入豬絞肉拌炒，再倒入調味料Ⓐ。

6. 將洋蔥、紅蘿蔔、芹菜、番茄依序放入鍋中，持續拌炒。

7. 加入作法3的高湯、番茄糊、番茄醬及砂糖，以小火慢慢熬煮到湯汁變濃稠。

8. 加入生奶油，再放入羅勒粉增添香氣，醬汁就完成了。

9. 在湯鍋中加入大量的水，加入適量的鹽，放入義大利麵煮至熟。

10. 將義大利麵撈起濾乾水分，拌入橄欖油，再加入作法8的醬汁充分攪拌均勻。最後將炸好的茄子、南瓜、紅椒放置在義大利麵上方，撒上適量起司粉即完成。

避免過敏的作法 **乳製品**

只是用來提味的乳製品可省略不用可以利用橄欖油來取代無鹽奶油，也不必使用生奶油，如此一來即能享用到較為清爽的滋味。

綠色蔬菜沙拉（佐羅勒淋醬）

食材 （成人2人、小朋友2人份）

火腿	1～2片
小黃瓜	1/4根
萵苣	1～2大片
紅萵苣	1～2大片
花椰菜	1/4棵
鹽	1小撮
玉米粒（罐頭）	1大匙

【沙拉淋醬】

羅勒	3～5株
醋	1又1/2大匙
砂糖	1大匙
鹽	少許
胡椒	少許
橄欖油	2大匙

作法

1. 將火腿切碎，小黃瓜切成絲或斜片。萵苣與紅萵苣切成容易入口的大小，也可以用手掰開。

2. 將花椰菜分成小株。在鍋中放入大量的水及少許鹽，將花椰菜燙熟備用。

3. 將玉米粒的水分瀝乾備用。

4. 在盤中放入生菜、火腿、玉米，淋上調製好的沙拉淋醬即完成。

沙拉淋醬的作法

1. 將羅勒切碎放入濾網中，浸泡冷水後將水分瀝乾。

2. 在碗中放入醋、砂糖、鹽、胡椒、橄欖油，充分攪拌均勻。

3. 在醬料中加入羅勒，再次攪拌均勻。

義式奶酪（佐水蜜桃果醬）

食材 （成人2人、小朋友2人份）

牛奶	500ml
砂糖	1又1/2大匙
明膠片（吉利丁片）	2片
椰奶	50g
水蜜桃（罐頭）	1/2罐
香草精	少許
生奶油	100ml

作法

1. 將明膠片泡冷水還原。（泡軟大約需要10～15分鐘的時間）

2. 在鍋中放入牛奶與砂糖，開小火熬煮。將泡水還原後的明膠片濾乾水分倒入鍋中。

3. 利用食物攪拌器將鍋中的明膠片攪拌至溶化後熄火。

4. 加入椰奶，利用鍋中的餘熱將椰奶充分拌入。

5. 將鍋中的液體移至碗中，加入香草精。等到降溫後放入冰箱，直到整碗液體變得黏稠。

6. 將生奶油以打蛋器攪打至發泡（變成泡沫奶油狀）。

7. 從罐頭中取出水蜜桃以及2大匙水蜜桃汁，放入攪拌機中打成糊狀，裝到碗裡放進冰箱備用。

8. 在作法5中分成數次加入作法6中，大致攪拌即可。

9. 將作法8盛裝到碗中，淋上作法7的水蜜桃醬即完成。

避免過敏的作法 ⋯⋯⋯⋯⋯⋯⋯ 乳製品

利用豆奶取代牛奶，看起來幾乎沒有差別！利用調味豆奶取代牛奶，並且不使用生奶油。如果椰奶與香草精會引發過敏，也可以直接省略不用。此外，也可以利用寒天來取代明膠片。

讓人享用變化超豐富的味覺饗宴

迷你3色飯糰搭配
羊栖菜漢堡排

發揮巧思將3色飯糰與羊栖菜漢堡排擺放得宛如繪本裡可愛的綠色毛毛蟲般，一定能讓孩子露出笑顏。三個小飯糰分別是不同口味，無論是大人或小孩都能享受「該先吃哪一個呢？」的樂趣。

當季水果
（蘋果）

櫻花蝦蔬菜清湯

甜煮南瓜

羊栖菜漢堡排

迷你3色飯糰

ENFANTS

紅	製造血液與肌肉
	小魚乾、海苔粉、雞絞羊栖菜、豆腐、蛋、乾燥櫻花蝦
黃	產生熱量與力氣
	米飯、芝麻、麵包粉、砂糖、沙拉油
綠	調節身體機能
	洋蔥、紅蘿蔔、南瓜、白菜、白蘿蔔、鴻喜菇蘋果

🏠 迷你 3 色飯糰

食材 （成人2人、小朋友2人份）

白飯	成人用飯碗約4碗的分量
紅紫蘇香鬆	1小匙
海苔蛋香鬆	1大匙
小魚乾	2大匙
炒芝麻	1小匙
海苔粉	1小匙

作法

1 將白飯分成3等份。

2 將第1份白飯撒上紅紫蘇香鬆；第2份白飯撒上海苔蛋香鬆；第3份白飯撒上小魚乾、炒芝麻與海苔粉攪拌均勻，製作成3種不同口味的拌飯。

3 將3種不同口味的拌飯，分別捏成2個成人、2個小朋友分量的圓形飯糰，總共12個。

避免過敏的作法 ⋯⋯⋯⋯⋯⋯ 蛋

> 更換香鬆口味，製作成 3 種不同口味的飯糰
> 如果不能吃含蛋的香鬆，可以將海苔蛋香鬆替換成柴魚香鬆或是鱈魚子香鬆、鮭魚香鬆等口味。不妨將色彩搭配納入考量，選擇合適的香鬆口味！

避免過敏的作法 ⋯⋯⋯⋯⋯⋯ 蛋

> 調味豆奶可以大大派上用場！
> 為了將不同材料黏著在一起而使用的蛋，可以利用3大匙調味豆奶來取代，如此一來就能輕鬆使製作漢堡排的食材變得柔軟又黏稠。

🏠 羊栖菜漢堡排

食材 （成人2人、小朋友2人份）

雞絞肉	200g
羊栖菜（乾燥）	2大匙
木棉豆腐	1/10塊
洋蔥	中型1/3個
紅蘿蔔	中型1/4根
Ⓐ 蛋	1小個
麵包粉	3大匙
鹽	少許
胡椒	少許
砂糖	少許
醬油	少於1小匙
沙拉油	適量
番茄醬	適量

作法

1 將乾燥羊栖菜泡水還原後，放入不包含在食材內的高湯、醬油、味醂、砂糖中熬煮，為增添羊栖菜淡淡的味道，接著過濾掉多餘的水分。

2 使用廚房紙巾將豆腐的水氣拭乾。

3 將洋蔥、紅蘿蔔切碎，在已預熱好的平底鍋中倒入沙拉油，將洋蔥與紅蘿蔔炒到變軟，取出放涼備用。

4 在碗中放入雞絞肉，以及作法1、2、3的食材與調味料Ⓐ，均勻捏抓攪拌。

5 將作法4捏成扁平的圓形（作為毛毛蟲的臉）。在已預熱好的平底鍋中倒入沙拉油，使整個平底鍋都沾附上薄薄的一層油，開小火煎羊栖菜漢堡排。蓋上鍋蓋，將兩面都燜煎成金黃色為止。

6 在盤中將煎好的作法5放置在臉的位置，並且在後面排上3種不同的迷你飯糰，作為毛毛蟲的身體。利用番茄醬在羊栖菜漢堡排上畫出眼睛與嘴巴，便大功告成。

甜煮南瓜

食材 （成人2人、小朋友2人份）

南瓜	200～300g
高湯用昆布	約5cm大小
砂糖	1又1/2大匙
味醂	1大匙
醬油	1小匙
鹽	少許

作法

1. 將南瓜去籽，切成喜歡的大小。

2. 在鍋中放入高湯用昆布、南瓜、砂糖、味醂，並加入能完全覆蓋住南瓜分量的水，直接在食材上蓋上比鍋子直徑略小的鍋蓋開火熬煮，煮到沸騰後轉小火，熬煮到竹籤能輕易穿透南瓜為止。

3. 在作法2當中加入醬油，加入適量的鹽，讓整鍋南瓜再度沸騰一下熄火。待南瓜放涼後即可裝盤。

調理時的小訣竅

【昆布要先擦拭過 1 次後再使用】

在使用昆布熬高湯時，要先以擰乾的布擦拭一遍，以去除表面的髒污。要是用水洗清洗會將昆布的鮮味也一併帶走，千萬要避免。

【在食材上蓋上比鍋子直徑略小的鍋蓋】

在燉煮食材時，要先準備一個比鍋子直徑略小的鍋蓋，以便在燉煮時直接將鍋蓋蓋在食材上方。如此一來即使湯汁較少，也能完整傳送到所有食材當中，讓調味更加均勻，並防止食材熬煮到變形。要是家裡沒有較小的鍋蓋，也可以利用錫箔紙覆蓋食材！

櫻花蝦蔬菜清湯

食材 （成人2人、小朋友2人份）

白菜	1大片
白蘿蔔	中型1/10根
洋蔥	中型1/2個
紅蘿蔔	中型1/4根
鴻喜菇	1/4株
乾燥櫻花蝦	1大匙
高湯	600ml
Ⓐ 薄鹽醬油	1小匙
酒	1小匙
味醂	1小匙
鹽	1/2小匙

作法

1. 將所有蔬菜都切成細絲，並將鴻喜菇分成小株。

2. 在鍋中放入高湯以及白蘿蔔絲、洋蔥絲、紅蘿蔔絲，開火熬煮，待整鍋湯沸騰後再加入鴻喜菇，轉為小火繼續熬煮至軟。

3. 在作法2中加入白菜絲以及調味料Ⓐ，讓整鍋湯稍微沸騰一下後再熄火。

4. 在空碗當中加入適量的乾燥櫻花蝦，再將煮好的蔬菜湯倒入碗中即完成。

當季水果（蘋果）

食材 （成人2人、小朋友2人份）

蘋果	1顆

作法

1. 將蘋果仔細洗淨後，切成喜歡的形狀即可。

自製叉燒交織出絕妙的好滋味！

叉燒丼佐清炒綜合蔬菜

在家裡親手製作的叉燒
佐以清炒綜合蔬菜，
製作成一碗讓人元氣十足的丼飯！
再搭配清爽的海帶芽湯
以及水果杏仁豆腐作為甜點，
更加突顯出叉燒丼的絕妙好滋味。

水果杏仁豆腐

叉燒丼佐清炒綜合蔬菜

金針菇海帶芽湯

紅	製造血液與肌肉
	豬肉、海帶芽、乾燥櫻花蝦、豆奶、味噌
黃	產生熱量與力氣
	米飯、沙拉油、砂糖、芝麻油
綠	調節身體機能
	高麗菜、洋蔥、紅蘿蔔、豆芽菜、鴻喜菇、蘋果、薑、大蒜、金針菇、綜合水果（罐頭）

叉燒丼
佐清炒綜合蔬菜

食材 （成人2人、小朋友2人份）

溫熱的白飯
.... 成人用飯碗裝滿2碗
.... 兒童用飯碗裝滿2碗

〔叉燒肉〕
豬肩肉（整塊）............ 300g
鹽............ 1小匙
胡椒............ 少許

〔清炒綜合蔬菜〕
高麗菜............ 中型4片
洋蔥............ 中型1/2個
紅蘿蔔............ 中型1/4根
黃豆芽............ 1/2小袋
鴻喜菇............ 1/4株
鹽............ 少許
胡椒............ 少許
沙拉油............ 1大匙

〔醬汁〕
洋蔥............ 中型1/2個
紅蘿蔔............ 中型1/2根
蘋果............ 中型1/2個
薑（磨成泥狀）............ 1大匙
大蒜（磨成泥狀）............ 1小匙
醬油............ 1大匙
味噌............ 1小匙
砂糖............ 1小匙
酒............ 1大匙
雞湯粉............ 1小匙
芝麻油............ 1大匙

作法

1. 利用大叉子在豬肉上戳出幾個洞（以筋的部位爲主），並且將鹽、胡椒塗抹於豬肉表面、稍微搓揉。如果家裡有棉網的話，可利用棉網將整塊豬肉縛住。

2. 將醬汁的所有調味料都放入食物攪拌機裡，打成濃稠狀。

3. 在鍋中放入作法1的豬肉與作法2的醬汁，醃漬1小時左右的時間。將烤箱預熱至200℃。

4. 將醃漬好的豬肉以錫箔紙包住，放入預熱好的烤箱中烤大約40分鐘至1小時。以竹籤刺豬肉，若流出透明的肉汁就代表已經烤熟了。將肉取出後切成容易入口的大小與厚度。

5. 將作法3鍋中醃漬過豬肉剩下的醬汁開火熬煮至濃稠。

6. 將高麗菜切成1cm寬度大小、洋蔥切成絲、大蒜切碎，如果黃豆芽太長也可以切短。將鴻喜菇分成小株。

7. 在平底鍋中倒入沙拉油後，開火熱油鍋，放入作法6的洋蔥、大蒜拌炒，接著再加入豆芽菜與鴻喜菇，讓鍋中的全部蔬菜都沾到熱油後再放入高麗菜待蔬菜都炒軟，最後以鹽、胡椒調味並熄火。

8. 在大碗公中盛入溫熱的白飯，鋪上清炒綜合蔬菜再擺放叉燒肉，最後依個人喜好淋上作法5的醬汁即完成。

金針菇海帶芽湯

食材 （成人2人、小朋友2人份）

乾燥海帶芽	3大匙
洋蔥	中型1/2個
金針菇	1/2小株
乾燥櫻花蝦	1～2大匙
中式高湯	600ml
醬油	1小匙
酒	1小匙
鹽	少許
胡椒	少許

作法

1 將乾燥海帶芽泡水還原，大致沖洗一下去除多餘鹽分。如果有太大片的海帶芽，可以切成適當的大小，再擠掉多餘水分。

2 將洋蔥切成絲。除去金針菇的根部，切成3～4等份。

3 在鍋中加入中式高湯後開火，依序放入洋蔥與金針菇，煮到洋蔥變軟。

4 在鍋中加入醬油、酒與海帶芽，並以鹽與胡椒調味，煮到再次沸騰後即可熄火。先在碗中放入乾燥櫻花蝦，倒入剛煮好的熱湯即完成。

水果杏仁豆腐

食材 （成人2人、小朋友2人份）

豆奶	300ml
綜合水果（罐頭）	1罐
明膠片	1片
砂糖	1又1/2大匙
杏仁精	少許

作法

1 將明膠片泡水還原。將整罐綜合水果罐頭放入冰箱中冷藏備用（也可使用新鮮水果切丁）。

2 在鍋中放入調味豆奶與砂糖，開小火熬煮。將明膠片擠乾水分後放入鍋中，利用食物攪拌器將鍋中的明膠片攪拌至溶化。

3 在作法2的鍋中加入杏仁精後即可熄火，接著裝進容器中，放涼後再放進冰箱中讓杏仁豆腐冷卻、定型。

4 將已定型的杏仁豆腐切成方塊狀，盛裝進碗裡。在杏仁豆腐上淋上已冰透的綜合水果以及裡面的果汁即完成。

避免過敏的作法 乳製品

這次的杏仁豆腐不使用牛奶！
雖然一般來說製作杏仁豆腐的過程中都會用到牛奶，不過在食譜中特地使用了豆奶來取代牛奶，因此即使是會對牛奶過敏的小朋友也可以安心享用！

酥酥脆脆小披薩

點心的優點！

能輕鬆地
攝取到蔬菜
與起司

食材 （成人2人、小朋友2人份）

水餃皮10片
················（成人3片、小朋友2片）
洋蔥·······································1/4個
玉米粒（罐頭）··························2大匙
蘑菇（薄片狀）··························10片
番茄醬·······································3大匙
美乃滋·······································3大匙
披薩用起司·································適量

作法

1 於水餃皮上塗抹一層番茄醬。將洋蔥切成絲狀。將烤箱預熱至180～200℃。

2 在作法1的水餃皮上放置洋蔥、濾乾水分的玉米粒與蘑菇，淋上美乃滋，並撒上披薩用起司。

3 放入預熱好的烤箱中烤大約3分鐘，表面呈現金黃色即可。

避免過敏的作法 ·········· 乳製品 蛋

多放一點玉米

如果不能使用美乃滋與起司，就在水餃皮上多放一點玉米吧！底下紅色的番茄醬能更襯托出金黃色的玉米，看起來漂亮又好吃。

餺飥花林糖

酥酥脆脆的
好好吃喔！

點心的優點！

最適合
為孩子
補充活力！

食材 （成人2人、小朋友2人份）

生餺飥麵（或生烏龍麵）……1人份
沙拉油…………………………適量
┌ 砂糖………………………2大匙
│ 研磨白芝麻………………2大匙
Ⓐ 黃豆粉……………………2大匙
└ 鹽…………………………少許

作法

1 將生餺飥麵切成5～7cm的長度。

2 將鍋中倒入沙拉油，待油溫約170℃
（若插入木筷子，筷子接觸油時，慢慢
出現一點點小細泡）時，將生餺飥麵
放入鍋中油炸至金黃酥脆的程度，瀝乾
油分後取出。

3 在碗中將調味料Ⓐ混合均勻後，放入炸
好的麵條，使調味料充分附著於上，花
林糖即完成。

營養豐富的關鍵

這是使用日本山梨縣鄉土料理「餺飥
麵」所製成的花林糖！對於活動量大的
孩子們來說，這項點心可以立即補充能
量，非常推薦給孩子們當點心。如果手
邊沒有餺飥麵的話，也可以用烏龍麵、
粗拉麵來取代。

有好多好多超下飯的美味料理！

 東京

NOSHIO 托兒所的午餐

跟大家分享讓
孩子們開心
吃光光的小技巧！

 酥酥脆脆

QQ彈彈

軟軟嫩嫩

1 能讓人同時享受到多種口感變化的菜色

用餐時菜餚的口味與外表固然重要，吃起來的口感也是不能忽略的一環。在吃進嘴裡的當下，若能讓孩子們感受到「酥酥脆脆」、「QQ彈彈」、「軟軟嫩嫩」等各式各樣的口感變化，也能提升孩子的用餐興趣。

2 食材大小容易入口讓用餐時光變得更開心

依照孩子的年齡增長，在處理食材時也要依照他們容易入口的大小來切；如果孩子是使用湯匙的話，將食材處理成容易以湯匙盛裝的大小，也是關鍵之一。使食材不容易從湯匙或筷子上掉落，就能讓孩子自己動手慢慢吃飯，也能大大提升用餐的樂趣。

左圖的餐點是針對1歲幼兒所設計，雖然內容與上圖都一樣，但考量到不同年齡的咀嚼方式也有所不同，因此將食材切得特別小塊。雖然在料理時調味也很重要，不過也要考慮到孩子是否容易入口。

在NOSHIO托兒所中的餐點是以「白飯搭配味噌湯」為主，照顧到每位孩子所需的營養。在用餐時，老師會與孩子們一起享用餐點，讓用餐時光顯得非常溫馨。此外，每一餐都會搭配NOSHIO托兒所引以為豪的醃漬物，因此當用餐時都會聽見孩子們清脆的咀嚼聲，開心地吃下各種蔬菜。

3 引以為豪的醃漬物 讓孩子開心吃蔬菜

雖然一般人都會以為醃漬物是專屬於成人的菜色，不過其實小朋友也非常喜歡！利用醃漬的方式，也能讓孩子一年到頭都吃得到許多種類的蔬菜，製作起來也很輕鬆簡便，相當推薦給忙碌的母親們。

真好吃～

4 要好好讚美孩子 端正的用餐姿勢！

只要看見孩子們在用餐時的姿勢端正、吃得很有技巧的話，老師們一定會大力讚美孩子。只要一被關心、稱讚，孩子們自然而然會覺得：「午餐好好吃！」、「吃飯真的好開心」、「還想再多吃一點」，湧現出積極、想要好好吃飯的心情。

5 大人也與孩子們一起 輕鬆愉快地享用餐點

在NOSHIO托兒所中，大人也會以輕鬆悠哉的態度陪孩子們一起開心享用餐點。由於小孩很喜歡模仿大人的行為，只要大人流露出開心用餐的態度，連帶地也能促進孩子的食慾。在家裡用餐時也別忘了營造出和樂溫馨的氛圍喔！

帶有一點點微辣、促進食慾的
印度風烤雞

主菜是風味溫和的印度風烤雞，搭配上
點綴色澤鮮豔南瓜所製作出的馬鈴薯沙拉，
這道色香味俱全的餐點非常受到歡迎。
讓孩子們好好感受各式各樣蔬菜所獨具的美味吧！

白飯

青菜櫻花麩味噌湯

南瓜馬鈴薯沙拉

印度風烤雞

炒碎豆腐

米糠醬菜

紅	製造血液與肌肉
	雞肉、火腿、豆腐、豆奶、味噌
黃	產生熱量與力氣
	馬鈴薯、櫻花麩、米飯、砂糖、沙拉油
綠	調節身體機能
	大蒜、南瓜、小黃瓜、紅蘿蔔、乾香菇、四季豆、油菜

印度風烤雞

食材 （成人2人、小朋友2人份）

雞柳條（油炸用）⋯⋯⋯⋯⋯270g
Ⓐ ┌ 咖哩粉⋯⋯⋯⋯⋯⋯⋯⋯1小匙
  │ 豆奶⋯⋯⋯⋯⋯⋯⋯⋯⋯2大匙
  │ 檸檬汁⋯⋯⋯⋯⋯⋯⋯⋯1小匙
  │ 番茄醬⋯⋯⋯⋯⋯⋯⋯⋯1大匙
  │ 鹽⋯⋯⋯⋯⋯⋯⋯⋯⋯⋯1小撮
  │ 砂糖⋯⋯⋯⋯⋯⋯⋯⋯⋯1小撮
  └ 大蒜（磨成泥狀）⋯1瓣的分量

作法

1 將雞肉橫切成一口大小。

2 在碗中將調味料Ⓐ攪拌均勻，再將雞肉放入調味料中醃漬30分鐘左右。將烤箱預熱至200℃。

3 在烤盤鋪上烘培用紙，將雞肉平均排列，烤大約10分鐘即完成。

避免過敏的作法⋯⋯⋯⋯⋯⋯ 乳製品

使用豆乳醃漬雞肉也非常美味喔！
雖然一般來說印度風烤雞的作法應該是用優格來醃漬，但是在這裡使用的是豆奶，因此就算是不能吃乳製品的孩子也可以安心享用這道餐點。

避免過敏的作法⋯⋯⋯⋯⋯⋯ 蛋

利用沙拉淋醬來調味！
為了讓對蛋過敏的孩子也能享用到與大家一樣的馬鈴薯沙拉，特地不使用美乃滋，改成以沙拉淋醬來調味。但是不使用美乃滋的馬鈴薯沙拉，顏色看起來會顯得特別白，因此特別在沙拉中添加南瓜，讓整體沙拉看起來鮮豔又美味！

南瓜馬鈴薯沙拉

食材 （成人2人、小朋友2人份）

馬鈴薯⋯⋯⋯⋯⋯⋯⋯⋯⋯2大個
南瓜⋯⋯⋯⋯⋯⋯⋯⋯⋯⋯12g
小黃瓜⋯⋯⋯⋯⋯⋯⋯⋯⋯1/2根
鹽⋯⋯⋯⋯⋯⋯⋯⋯⋯⋯⋯少許
紅蘿蔔⋯⋯⋯⋯⋯⋯⋯⋯⋯1/3根
火腿⋯⋯⋯⋯⋯⋯⋯⋯⋯⋯30g

【沙拉淋醬】
沙拉油⋯⋯⋯⋯⋯⋯⋯1又1/2大匙
蘋果醋⋯⋯⋯⋯⋯⋯⋯⋯⋯1小匙
鹽⋯⋯⋯⋯⋯⋯⋯⋯⋯⋯1/2小匙
砂糖⋯⋯⋯⋯⋯⋯⋯⋯⋯1/2小匙
胡椒⋯⋯⋯⋯⋯⋯⋯⋯⋯⋯少許

作法

1 將馬鈴薯及南瓜切成較大的方塊狀。小黃瓜切成薄片，撒上少許鹽，用手搓揉將鹽分融入小黃瓜。紅蘿蔔切成厚度5mm的銀杏形，放入沸騰的熱水中燙大約8分鐘。火腿切成1cm的正方形。

2 將沙拉淋醬的所有材料均勻攪拌。

3 在鍋中放入馬鈴薯與南瓜，加入剛好蓋過食材的水分，熬煮到馬鈴薯與南瓜都變軟後，將鍋中的水分倒掉，接著輕輕搖晃鍋子將殘留的水分完全煮乾。熄火，趁著鍋子還有餘熱時，使用搗碎器將馬鈴薯與南瓜搗碎。

4 趁馬鈴薯南瓜泥還溫熱的時候，加入沙拉淋醬攪拌均勻。

5 待馬鈴薯沙拉放涼後，加入去除多餘水分的小黃瓜與紅蘿蔔、火腿，混合攪拌即完成。

【銀杏形（扇形）切法】
由於這種切法的形狀很像銀杏，因此命名為「銀杏形切法」，例如像是紅蘿蔔這種屬於長條形的蔬菜便可採用銀杏形切法。先將紅蘿蔔縱向對半剖開，再縱向切成1/4條，接著從尾端開始以一致的厚度切開即可。

炒碎豆腐

食材 （成人2人、小朋友2人份）

木棉豆腐	1塊
乾香菇	2朵
紅蘿蔔	1/3根
四季豆	3根
Ⓐ 醬油	2小匙
酒	2小匙
砂糖	1又1/2小匙
Ⓑ 醬油	1小匙
酒	2小匙
味醂	2小匙
香菇水	3大匙
沙拉油	適量

作法

1 利用布巾將豆腐包住，放置於砧板上。在豆腐上方放置重物，等待約30分鐘的時間，去除掉多餘的水分。將乾香菇浸泡於水中還原後，切掉蒂頭，將香菇切成絲（浸泡香菇的水要留著備用）。

2 將紅蘿蔔切成絲。撕除四季豆的粗纖維，並切成1cm的段狀。

3 在鍋中倒入沙拉油，加入作法1的豆腐，利用鍋鏟一邊將豆腐搗碎一邊均勻拌炒。接著加入調味料Ⓐ，煮至水分變少即可熄火。

4 另取一鍋倒入沙拉油熱鍋，加入紅蘿蔔絲與香菇絲一起拌炒後，加入調味料Ⓑ，直接在食材上蓋上比鍋子直徑略小的鍋蓋，轉小火燜煮。

5 將作法3加進作法4，充分拌炒食材至沸騰，加入四季豆拌炒後即可熄火。

調理時的小訣竅

在炒豆腐的時候很容易會燒焦，要記得不斷地翻炒喔！

青菜櫻花麩味噌湯

食材 （成人2人、小朋友2人份）

油菜	1/3把
櫻花麩	7g
味噌	2大匙
高湯	800ml

作法

1 切掉油菜的蒂頭，將葉菜部分切成2cm的段狀。將櫻花麩泡在水中，使櫻花麩膨脹成原本大小，待櫻花麩變柔軟後，輕輕擠乾水分。

2 在鍋中放入高湯、油菜及櫻花麩後開火熬煮，煮到沸騰時再加入味噌，均勻攪拌使其融化。

米糠醬菜

食材 （成人2人、小朋友2人份）

小黃瓜	1根

作法

1 在小黃瓜上均勻塗抹鹽（不包含在食材中），使鹽分滲入小黃瓜當中，放入米糠醬床中醃漬。

2 從米糠醬床中取出小黃瓜，將小黃瓜上附著的米糠醬清洗乾淨，切成適合入口的大小。

白飯

食材 （成人2人、小朋友2人份）

白米	2杯

作法

1 充分掏洗白米後，將白米放入炊飯器中，加入建議的水量（2杯）炊煮。

2

能同時攝取到各式蔬菜的

蟹肉散壽司

主食是添加了多種蔬菜的蟹肉散壽司，
再搭配上涼拌冬粉以及芝麻燉雞肉馬鈴薯等豐富的配菜！
讓孩子能一次享用到各式各樣的好滋味，
更能拓展孩子對用餐的興趣與喜好。

涼拌高麗菜冬粉

芝麻燉雞肉馬鈴薯

蘆筍洋蔥味噌湯

紅	製造血液與肌肉

蟹肉（罐頭）、雞肉、
豬絞肉、味噌

黃	產生熱量與力氣

米飯、馬鈴薯、蒟蒻絲、
芝麻、冬粉、砂糖、
沙拉油

綠	調節身體機能

紅蘿蔔、杏鮑菇、鴨兒芹、
蘆筍、洋蔥、日本油菜、
高麗菜、小黃瓜

蟹肉散壽司

米糠醬菜

🏠 蟹肉散壽司

食材 （成人2人、小朋友2人份）

白米	1.5杯
調味醋	
Ⓐ ⎡ 醋	1大匙
⎢ 砂糖	1/2大匙
⎣ 鹽	1/2小匙
紅蘿蔔	1/4根
杏鮑菇	1小根
蟹肉（罐頭）	1小罐（90g）
醬油	1/2大匙
砂糖	2小匙
鴨兒芹	1/2把

作法

1 充分掏洗白米後，放入炊飯器中，加入比建議水量略少的水（1.8杯），炊煮成較硬的白飯。

2 將紅蘿蔔切成絲，杏鮑菇切成半月形。在鍋中放入蟹肉、紅蘿蔔、杏鮑菇、砂糖、醬油後，點火炊煮。直接在食材上蓋上比鍋子直徑略小的鍋蓋，等到整鍋沸騰後便可轉為小火，慢慢熬煮。

3 製作調味醋。在小鍋中加入醋、砂糖、鹽，點火熬煮直到砂糖完全溶解為止。

4 將鴨兒芹切成1cm的段狀，迅速汆燙一下撈起，濾乾水分。

5 在剛煮好熱騰騰的白飯淋調味醋，大致攪拌均勻即完成醋飯。在醋飯中再混入作法2的食材攪拌均勻後，撒上鴨兒芹即完成。

🏠 蘆筍洋蔥味噌湯

食材 （成人2人、小朋友2人份）

蘆筍	3根
洋蔥	1/3個
味噌	2大匙
高湯	800ml

作法

1 先削去蘆筍根部的厚皮，切成2cm的段狀。洋蔥切成5mm的寬度。在味噌中加入少量的水，攪拌均勻成為糊狀。

2 在鍋中放入高湯與洋蔥一起熬煮，整鍋沸騰之後加入蘆筍，等到再次沸騰後加入味噌使其充分融化即完成。

調理時的小訣竅

在蘆筍正當季的四至十月，非常推薦大家做這道蘆筍味噌湯。可以依照當下的季節變換時令蔬菜，讓家人們在家裡也可以享用到變化豐富的季節蔬菜味噌湯。

【適合加在味噌湯裡的當季蔬菜】

春	夏	秋～冬
● 荷蘭豆	● 茄子	● 油菜
● 馬鈴薯	● 秋葵	● 菠菜
● 高麗菜	● 冬瓜	● 白菜
● 四季豆	● 蘆筍	● 蕪菁
		● 白蘿蔔
		● 荷蘭豆
		● 高麗菜
		● 四季豆

芝麻燉雞肉馬鈴薯

食材 （成人2人、小朋友2人份）

馬鈴薯	3大個
雞腿肉（切成條狀）	180g
蒟蒻絲	60g
油菜	50g
Ⓐ 高湯	2/3杯
砂糖	1大匙
醬油	1又1/2大匙
酒	1大匙
研磨白芝麻	1大匙
沙拉油	適量

作法

1 將馬鈴薯切成容易入口的大小。油菜切成2cm的段狀，入鍋汆燙。將蒟蒻絲切成容易入口的長度，迅速汆燙。

2 在鍋中放入蒟蒻絲後開火，用鍋鏟翻炒蒟蒻絲，蒸發掉多餘的水分，直到蒟蒻絲發出劈劈啪啪的聲音後，倒入沙拉油拌炒。加入雞肉，翻炒到雞肉表面呈現白色時，加入馬鈴薯以及調味料Ⓐ繼續燉煮。

3 煮到馬鈴薯變軟後，撒上研磨白芝麻均勻拌炒，待鍋中水分收乾再放入油菜一起拌炒即可。

涼拌高麗菜冬粉

食材 （成人2人、小朋友2人份）

高麗菜	中型2片
冬粉	24g
豬絞肉	40g
醬油	1小匙
砂糖	2小匙
鹽	少許
沙拉油	適量

作法

1 將高麗菜切成長方形的片狀，放入滾水中燙熟。冬粉放入冷水中泡軟後入鍋燙熟，切成適合入口的長度。

2 在鍋中倒入沙拉油熱鍋，放入豬絞肉拌炒，等到豬絞肉均勻散開後，加入醬油、砂糖、鹽均勻拌炒，等到水分收乾時即可熄火，裝盤冷卻。

3 將高麗菜與冬粉的水分完全瀝乾，與作法2的豬絞肉均勻混合即完成。

米糠醬菜

食材 （成人2人、小朋友2人份）

小黃瓜	1根

作法

1 在小黃瓜上均勻塗抹鹽（不包含在食材中），使鹽分滲入小黃瓜當中，放入米糠醬床中醃漬。

2 從米糠醬床中取出小黃瓜，將小黃瓜上附著的米糠醬清洗乾淨，切成適合入口的大小。

超美味食譜 **3**

以鮮豔的色彩點綴餐桌！

洋風馬鈴薯燉肉

在日式家庭口味的
馬鈴薯燉肉上做一點變化
再搭配令人耳目一新的配
都屬於稍重的口味，
絕對會讓孩子一口接一口
配著白飯吃個不停唷！

菇菇味噌湯

洋風馬鈴薯燉肉

白飯

米糠醬菜

起司蔬菜沙拉

紅	製造血液與肌肉
	豬肉、培根、起司、味噌

黃	產生熱量與力氣
	馬鈴薯、白飯、砂糖、沙拉油

綠	調節身體機能
	洋蔥、紅蘿蔔、秋葵、高麗菜、小黃瓜、金針菇、滑菇、蔥

🏠 洋風馬鈴薯燉肉

食材 （成人2人、小朋友2人份）

馬鈴薯	2大個
洋蔥	中型1個
紅蘿蔔	1/3根
秋葵	6根
豬肉條	120g

A
酒	1大匙
醬油	1又1/2大匙
砂糖	1大匙
咖哩粉	1小匙
水	60ml

沙拉油⋯⋯⋯⋯⋯適量

作法

1　將馬鈴薯切成容易入口的大小。洋蔥切成絲，紅蘿蔔切成厚度約5mm的銀杏形。將秋葵的梗去除之後，切成4等份，放入滾水中汆燙1分鐘左右撈起、濾乾水分。

2　在鍋中倒入沙拉油熱鍋，放入豬肉條開始翻炒，炒到豬肉變色時，再加入馬鈴薯、洋蔥、紅蘿蔔拌炒，直到馬鈴薯的表面變得透明，收乾水分。

3　在鍋中加入調味料Ⓐ，直接在食材上蓋上比鍋子直徑略小的鍋蓋繼續燉煮。先以大火燉煮，至沸騰即可轉為中火，燉煮大約15分鐘後。加入秋葵略為拌炒，即可熄火。

調理時的小訣竅

NOSHIO托兒所製作的馬鈴薯燉肉中所添加的綠色蔬菜，都是很容易可以購買到的蔬菜。除了秋葵之外，也很推薦大家使用碗豆、甜豆、甜椒、四季豆、油菜、花椰菜等蔬菜。

🏠 起司蔬菜沙拉

食材 （成人2人、小朋友2人份）

高麗菜	中型4片
小黃瓜	1根
鹽	少許
培根	40g
起司	40g

【沙拉淋醬】
蘋果醋	1小匙
沙拉油	1大匙
鹽	1小撮
砂糖	1小撮
胡椒	少許

作法

1　將高麗菜切成長方形的片狀，放入滾水中煮3分鐘左右撈起。將小黃瓜切成薄片，並撒上少許鹽，用手稍微搓揉將鹽分融入小黃瓜。培根切成細絲。起司切成較小的方塊。

2　使用平底鍋以小火煎培根，逼出培根的油脂。

3　在碗中均勻混合沙拉淋醬的材料。將去除水分的高麗菜與小黃瓜，以及已放涼的培根，並加入起司塊均勻混合即完成。

調理時的小訣竅

小朋友們都非常喜歡這道加入了起司的沙拉！在切起司的時候，要盡可能地將起司切得小塊一點，讓整體沙拉看起來充滿了起司！

菇菇味噌湯

食材　（成人2人、小朋友2人份）

金針菇··········· 1小株
滑菇············· 1包
蔥············· 1/2根
高湯··········· 800ml
味噌··········· 2大匙

作法

1　切除金針菇的根部後，將金針菇切成約1cm的段狀。以流動的水大致沖洗一下滑菇。先縱向對切蔥後，再切成細絲。

2　在鍋中放入高湯煮至沸騰後放入金針菇、滑菇與蔥絲。

3　等到整鍋湯再次沸騰後加入味噌，使其充分融化即可熄火。

米糠醬菜

食材　（成人2人、小朋友2人份）

小黃瓜··········· 1根

作法

1　在小黃瓜上均勻塗抹鹽（不包含在食材中），使鹽分滲入小黃瓜當中，放入米糠醬床中醃漬。

2　從米糠醬床中取出小黃瓜，將小黃瓜上附著的米糠醬清洗乾淨，切成適合入口的大小。

白飯

食材　（成人2人、小朋友2人份）

白米··········· 2杯

作法

1　充分掏洗白米後，將白米放入炊飯器中，加入建議的水量（2杯）炊煮。

NOSHIO 托兒所裡的孩子們，除了米糠醬菜外，也很喜歡其它種類的醃漬蔬菜。這裡就要介紹另外一種也相當受孩子們喜愛、而且在家裡也能輕鬆製作的漬物食譜！

簡單的漬物還有這種！

梅醋漬白蘿蔔

食材　（成人2人、小朋友2人份）

白蘿蔔··········· 70g
鹽··········· 適量
梅醋··········· 1大匙
砂糖··········· 1/2小匙

作法

1　將白蘿蔔切成銀杏形的小塊狀，撒上適量的鹽，用手稍微搓揉將鹽分融入白蘿蔔。

2　在容器中放入梅醋與砂糖，充分攪拌均勻。去除白蘿蔔的水分後，將白蘿蔔放入容器中醃漬大約30分鐘。

3　輕輕擠掉白蘿蔔上多餘的水分即完成。

以香味四溢的菜餚刺激食慾！

香烤味噌鰈魚

香軟鬆嫩的鰈魚搭配上
吃起來清脆有咬勁的野菜，
藉由各式各樣的口感，讓人樂在其中。
由於蔬菜分量充足，也相當有嚼勁！

紅	製造血液與肌肉
	鰈魚、鱈魚子、味噌
黃	產生熱量與力氣
	白飯、砂糖、芝麻油、
	芝麻、沙拉油
綠	調節身體機能
	菠菜、豆芽菜、紅蘿蔔、
	茄子、蔥

茄子味噌湯

鱈魚子拌炒紅蘿蔔　　　　韓式芝麻油拌菠菜

白飯

香烤味噌鰈魚

🏠 香烤味噌鰈魚

食材 （成人2人、小朋友2人份）

鰈魚（片狀）…240g（40g × 6片）
味噌……………………1又1/2大匙
味醂……………………1又1/2大匙

作法

1 將味噌與味醂均勻混合後，塗抹於鰈魚片上，放置大約30分鐘的時間使鰈魚入味。將烤箱預熱至200℃。

2 在烤盤鋪上烘焙用紙，將鰈魚的皮朝上均勻排列，烤大約10分鐘即完成。

調理時的小訣竅

如果小朋友還不太會吃魚皮，可以先將魚皮去除再塗抹味噌醬醃漬。

kitchen memo

味噌烤物可以使用

別種魚類或肉類也會非常好吃！

在NOSHIO托兒所當中，除了鰈魚外也會使用許多其它種類的魚。像是一年到頭都很容易買到的鮭魚與鯖魚，或是土魠魚、鰤魚等，都可以利用味噌醬事先醃漬後再燒烤，讓孩子們品嚐到各種魚類的美味。此外，滋味清爽的雞肉也非常適合以味噌燒烤的方式料理，推薦大家在家裡試試看以各種不同的食材來搭配品嚐！

or

🏠 韓式芝麻油拌菠菜

食材 （成人2人、小朋友2人份）

菠菜……………………1/4把
黃豆芽…………………1/2包
紅蘿蔔…………………1/5根
Ⓐ 醬油……………………1大匙
　 砂糖……………………1小匙
　 芝麻油…………………少許
　 研磨白芝麻……………1小匙

作法

1 將菠菜切成長度2cm的段狀。黃豆芽洗淨，切成長度2cm的段狀。紅蘿蔔切成絲。

2 將切好的各種蔬菜，分別用滾水汆燙至軟。

3 將調味料Ⓐ均勻混合，加入擠乾水氣的各式蔬菜，大致混合攪拌一下即完成。

調理時的小訣竅

製作這道菜色時，建議大家可配合季節變化選用當季的綠色蔬菜。像是春夏季的秋葵、冬季的四季豆、菠菜與油菜。利用容易入手的當季新鮮蔬菜，輕鬆完成芝麻油拌菜吧！

🏠 鱈魚子拌炒紅蘿蔔

食材 （成人2人、小朋友2人份）

紅蘿蔔	1根
鱈魚子	60g
酒	1大匙
沙拉油	適量

作法

1. 將紅蘿蔔切成絲。縱向剖開鱈魚子的外皮，取出內部的鱈魚子。

2. 在碗中放入鱈魚子，加入酒一起攪拌，讓鱈魚子呈現濕潤的狀態。

3. 在平底鍋中倒入沙拉油熱鍋，放入紅蘿蔔拌炒，等到紅蘿蔔差不多炒熟時，加入鱈魚子一起拌炒至熟。

調理時的小訣竅

這道料理的目標是營造出每一絲紅蘿蔔上都附著有鱈魚子。比起使用菜刀直接切紅蘿蔔，推薦大家使用刨絲器直接將紅蘿蔔刨成絲狀，如此一來紅蘿蔔與鱈魚子的口味會更加融為一體、也會加倍美味唷！

🏠 茄子味噌湯

食材 （成人2人、小朋友2人份）

茄子	2根
蔥	2/3根
高湯	800ml
味噌	2大匙

作法

1. 先切除茄子的蒂，再以條紋狀的方式大致去皮，切成厚度約1cm的銀杏形塊狀。將蔥縱向對半切開，再切成蔥絲。

2. 在鍋中放入高湯後開火，放入茄子長蔥。

3. 煮滾後加入味噌，使其充分融化即可熄火

🏠 白飯

食材 （成人2人、小朋友2人份）

白米	2杯

作法

1. 充分掏洗白米後，將白米放入炊飯器中，加入建議的水量（2杯）炊煮。

香烤波羅餅乾

點心的優點！

**香嫩柔軟
的口感
讓人一口接一口**

6 more cups

食材 （成人2人、小朋友2人份）

吐司（6片裝）	2片
綜合鬆餅粉	4大匙
奶油	20g
牛奶	1大匙
檸檬汁	少許
糖粉	適量

避免過敏的作法 .... 乳製品

**利用別種食材製作波羅酥皮也一樣美味！
自製不含奶製品的波羅酥皮。**

Ⓐ ┌ 砂糖…1 又 1/2 大匙、沙拉油…1 大匙、
　 豆奶…1 大匙、香草精…適量、檸檬汁
　 └ …少許

Ⓑ ┌ 小麥粉…4 大匙、
　 └ 烘培粉…1/2 小匙

在碗中放入Ⓐ 的材料混合攪拌後，再放入Ⓑ
的材料均勻攪拌即可。

作法

1. 將融化的奶油、牛奶、檸檬汁均勻
攪拌混合後，再加入綜合鬆餅粉，
大致攪拌混合，製作波羅酥皮。先
將糖粉置於碗中。將烤箱預熱至
180℃。

2. 十字切開吐司，切成4等份，在吐司
表面塗抹上作法1的麵糊，在表面輕
輕灑上糖粉後，利用刀子將麵糊的
表面劃出波羅麵包般的方格紋路。

3. 在烤盤上均勻排列吐司，以預熱好
的烤箱烤大約9分鐘左右，等到麵
包的表面呈現漂亮的金黃色即可取
出。

圓滾滾馬鈴薯塊

鬆鬆軟軟的
真的好好吃唷～

點心的優點！

是以營養均衡
的馬鈴薯作為
主角！

食材 （成人2人、小朋友2人份）

馬鈴……………………… 中型3個
片栗粉（太白粉）………1又1/2大匙
橄欖油………………………… 2小匙
日式醬油……………………………適量

調理時的小訣竅

想要把馬鈴薯泥捏成理想的形狀時，
只要先把馬鈴薯泥放涼，就能自然產
生彷彿麻糬般的黏稠感，定型起來會
更容易，而且也能同時提升Q彈的口
感喔！

作法

1 將馬鈴薯切成一口大小並放入水中
煮，等到沸騰後取出馬鈴薯，趁馬
鈴薯還殘有餘熱時加入片栗粉與橄
欖油，再利用搗碎器壓碎馬鈴薯，
使馬鈴薯泥與片栗粉、橄欖油均勻
混合。將烤箱預熱至230℃。

2 將馬鈴薯泥分成4等份，分別捏成直
徑5cm、厚度1.5cm的圓形薯泥。將
定型好的薯泥均勻排列在烤盤上，
放入預熱好的烤箱中烤大約7分鐘左
右，直到表面呈現微焦的狀態。

3 在盤子裡倒入日式醬油，將烤好的
馬鈴薯塊兩面都沾上醬油即完成。

千葉 稻毛幼兒園的午餐

透過飲食教育培養出良好禮貌與好奇心

1 遵守應有的禮節 自在舒適地用餐

在幼童時期，必須教導孩子端正的拿碗姿勢，以及吃飯時要將碗內的飯粒吃得一粒不剩、乾乾淨淨，此時讓孩子養成良好的用餐習慣非常重要。可以藉由讚美孩子：「你的碗吃得好乾淨唷」、「吃得很有規矩耶」等，培養孩子的用餐禮儀。

2 大家一起同聲宣布 「我要開動了！」

在稻毛幼兒園中，分配完所有人的午餐後，等到大家都各就各位坐好時，所有人就會一起大聲唱「開動歌」，或是互相道聲「我要開動了！」才會開始用餐。讓孩子學會等待朋友們都準備好再一起用餐，以及對豐盛的午餐抱持著感謝的心情，也是在用餐時可以學習到的體貼之心。

在幼兒時期，孩子們會開始想要自動自發、自己動手吃飯，因此若是在這個階段讓孩子們擁有各式各樣的用餐體驗，並且利用變化豐富的餐點讓孩子們接觸到多樣化的食材，更能培養孩子的味覺。此外，更重要的是，在用餐時間也可以激發出孩子們的好奇心、學會用餐時該有的禮貌，並且培養出進取心。

乾乾淨淨

3 藉由分配菜餚與互相幫忙 提升孩子的進取心

在稻毛幼兒園中，會訓練小班及中班的孩子們自己將盛裝好的餐盤拿回自己的位置上；大班的孩子則會讓他們負責擔任值日生，為所有孩子盛裝白飯與菜餚。用餐完畢後，每個孩子都必須負責整理並收好自己的餐具。在家裡也可以試著請孩子幫忙做一些簡單的工作喔！

（上）這是稻毛幼兒園舉辦與食物有關的活動通知單，藉由音樂劇的演出讓孩子感覺自己更親近各種食材。
（右）這是稻毛幼兒園印製的月刊，上面刊載了各種活動的照片。依照孩子的年齡層不同，會分別舉辦適合的認識食材活動。

4 用餐之前先舉行問答活動 加強孩子對食物的興趣

在每次用餐之前，老師會先與孩子們一起確認今天的餐點內容，並且讓孩子回答「今天的咖哩飯裡面有哪些蔬菜？」等問題，如此一來就能大幅提升孩子對於待會用餐的興趣。除此之外，在稻毛幼兒園中也舉辦一些跟烹調有關的活動，例如大家一起製作味噌、或是燒烤整條秋刀魚後大家再一起享用等，延伸孩子們對於食材的好奇心。建議大家平時在家裡就可以輕鬆地進行用餐前的問答遊戲喔！

同時享受蔬菜的美味與口感
焗烤蘆筍雞肉通心粉

利用親手製作的奶油白醬調製出
口味圓潤溫和的焗烤通心粉，
再搭配上義大利雜菜湯與南瓜沙拉，
讓孩子能夠一次攝取到豐富大量的蔬菜。

奶油圓麵包

紅 製造血液與肌肉
雞肉、起司、牛奶、小熱狗、
火腿、脫脂牛奶

黃 產生熱量與力氣
通心粉、奶油圓麵包、麵包粉、
沙拉油、無鹽奶油、低筋麵粉、
美乃滋

綠 調節身體機能
蘆筍、洋蔥、番茄、白蘿蔔、
高麗菜、南瓜、小黃瓜、
葡萄乾、柳橙

義大利雜菜湯

柳橙

焗烤蘆筍雞肉通心粉

火腿南瓜沙拉

焗烤蘆筍雞肉通心粉

食材　（成人2人、小朋友2人份）

蘆筍·······················5根
洋蔥·····················1/2個
通心粉···················120g
鹽·······················適量
雞腿肉（切成細條狀）·······120g
鹽·······················適量
起司粉···················1大匙
麵包粉···············2大匙（6g）
沙拉油···················適量

【奶油白醬】
無鹽奶油·················2大匙
低筋麵粉··············2又1/2大匙
牛奶····················240ml
高湯粉···················1小匙

作法

1 將蘆筍切成約5cm的斜段狀，迅速汆燙後撈起，濾乾水分備用。洋蔥切成細絲。

2 在鍋中煮水，待滾後放入適量的鹽，將通心粉煮熟。將烤箱預熱至180℃。

3 在熱好的鍋中放入沙拉油，加入雞肉與洋蔥拌炒。先關火，放入通心粉與鍋中食材混合拌炒，加鹽調味。

4 製作奶油白醬。將鍋子放在瓦斯爐上開火，放入無鹽奶油使奶油融化，再放入低筋麵粉以文火拌炒，直到醬汁感覺不再黏稠、變得滑順後，再一點一點地加入牛奶與高湯粉混合攪拌。最後使用食物攪拌機將整鍋醬汁攪拌均勻，使整體醬汁看起來均勻滑順即可熄火。

5 將作法 3 的食材與蘆筍放入奶油白醬中混合攪拌後，放入耐熱容器中。

6 撒上起司粉與麵包粉，放進已預熱好的烤箱中烤大約8分鐘即可。

義大利雜菜湯

食材　（成人2人、小朋友2人份）

洋蔥·····················1/4個
番茄·····················1/2個
白蘿蔔·············1.5cm（60g）
高麗菜···················1片
小熱狗···················1根
水·····················600ml
高湯粉···················1小匙
鹽·······················少許

作法

1 將洋蔥切成寬度1cm的方塊，番茄切成寬度1cm的方塊，白蘿蔔則切成厚度5mm的銀杏形塊狀。將高麗菜切成寬度2cm的正方形，小熱狗切成厚度5mm的一口大小。

2 在鍋中放入水、切好的蔬菜與小熱狗，熬煮約15分鐘。

3 加入高湯粉與鹽調味即完成。

【切成一口大小】

像是蔥及小黃瓜等長條形的食材，可以從右端開始將食材切成同樣寬度的一口大小。可依照食材的不同，改變食材的厚度。

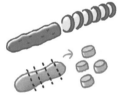

避免過敏的作法 ··········  乳製品 蛋 小麥

利用濃湯塊來取代奶油白醬
如果小朋友會對製作奶油白醬的材料過敏，就不要使用容易引起過敏的蛋、乳製品及小麥粉，改用市售的濃湯塊，也一樣可以做出美味的白醬。

🏠 火腿南瓜沙拉

食材 （成人2人、小朋友2人份）

南瓜	270g
火腿	1片
小黃瓜	1/3根
葡萄乾	12g
美乃滋	2大匙
脫脂牛奶	1大匙

作法

1 將南瓜切成厚度約5mm的銀杏形，放入耐熱容器當中並蓋上保鮮膜，放入微波爐加熱至南瓜變軟為止（或放入電鍋中蒸軟）。將火腿切成1cm的正方形，小黃瓜切成厚度3mm的銀杏形，迅速放進滾水中汆燙，撈起、濾乾水分。

2 將葡萄乾切開，放入鍋中，加入剛好蓋過葡萄乾的水量，煮到葡萄乾變軟為止。

3 將脫脂牛奶與美乃滋混合攪拌，加入作法1與作法2的葡萄乾均勻混合即完成。

避免過敏的作法 ……… 🐄 乳製品 👁 蛋

以無蛋美乃滋取代原本的淋醬
如果小朋友會對美乃滋過敏，也可以購買市售不含蛋的美乃滋淋醬。此外，也不必再使用脫脂牛奶，直接淋上食材即可。

🏠 奶油圓麵包

食材 （成人2人、小朋友2人份）

奶油圓麵包（依小朋友年齡不同）	
小班	1.5個
中班・大班	2個
成人	3個

🏠 柳橙

食材 （成人2人、小朋友2人份）

柳橙	1個

kitchen memo

用心製作各式各樣的沙拉
讓孩子品嚐到豐富大量的蔬菜！

在稻毛幼兒園中，每天都會讓孩子們享用變化豐富的各式沙拉。例如，高麗菜與紅蘿蔔會拌著鮪魚一起吃，或是在通心粉中加入紅蘿蔔與小黃瓜等。在家裡也可以發揮創意，巧妙地將孩子喜歡的食材與蔬菜結合在一起，製作出獨一無二的沙拉吧！

分量十足的和風套餐！

咖哩烏龍麵

這道餐點是將最受孩子們歡迎的咖哩結合了烏龍麵！
以放入了油豆腐的和風咖哩搭配烏龍麵，享用道地的日式美味，
沙拉則利用簡單的和風高麗菜沙拉，襯托出咖哩烏龍麵的濃郁滋味，
並且在沙拉中放入酥脆的玉米片，為整體餐點增添不一樣的口感。

水果優格

和風高麗菜沙拉

咖哩烏龍麵

紅 製造血液與肌肉
油豆腐、豬肉、原味優格

黃 產生熱量與力氣
烏龍麵、玉米片、沙拉油、
片栗粉（太白粉）、
三溫糖（黃砂糖）

綠 調節身體機能
紅蘿蔔、洋蔥、蔥、高麗菜、
小黃瓜、水蜜桃（罐頭）、
鳳梨（罐頭）、柑橘（罐頭）

🏠 咖哩烏龍麵

食材 （成人2人、小朋友2人份）

熟烏龍麵	3球
紅蘿蔔	2/3根
洋蔥	1又1/4顆
蔥	1/2根
油豆腐（切成薄片）	1片
豬腿肉（切成細條狀）	150g
高湯包	1包（5g）
水	720ml
沙拉油	適量
咖哩塊（喜歡的品牌）	60g

Ⓐ
日式醬油	2小匙
鹽	少許
味醂	2小匙
酒	1小匙

【太白粉水】
片栗粉（太白粉）	1小匙
水	2小匙

作法

1. 將紅蘿蔔切成厚度5mm的銀杏形。洋蔥切成細絲，長蔥則斜切成薄片。將油豆腐放入滾水中稍微燙一下，除去多餘的油分。

2. 在鍋中放入水以及高湯包，製作高湯。

3. 取另一鍋，倒入沙拉油熱鍋，放入紅蘿蔔、洋蔥、豬肉一起拌炒，接著加入高湯，一直煮到所有食材變軟為止。

4. 在鍋中放入蔥與油豆腐。

5. 整鍋煮到沸騰後即可熄火，加入咖哩塊待其慢慢融化。

6. 再次開火，加入調味料Ⓐ，再加入太白粉水，營造出黏稠口感。

7. 煮一鍋滾水，放入烏龍麵煮熟。

8. 將烏龍麵盛進碗中，淋上咖哩醬汁即完成。

🏠 和風高麗菜沙拉

食材 （成人2人、小朋友2人份）

紅蘿蔔	1/3根
高麗菜	6片
小黃瓜	1/2根
玉米片	10g

【沙拉淋醬】
醋	2小匙
沙拉油	1大匙
鹽	1小撮
三溫糖（黃砂糖）	1小匙

作法

1. 將紅蘿蔔切成長度3cm的細絲，高麗菜切成長度4cm的細絲，小黃瓜切成細絲。

2. 煮一鍋滾水，分別放入紅蘿蔔、高麗菜、小黃瓜下鍋汆燙。

3. 將沙拉淋醬的所有材料均勻混合。

4. 瀝乾作法2的水分，與沙拉淋醬攪拌均勻，上面撒上玉米片即完成。

🏠 水果優格

食材 （成人2人、小朋友2人份）

白桃（塊狀罐頭）	120g
鳳梨（6片裝罐頭）	90g
柑橘（罐頭）	90g
原味優格	450g
三溫糖（黃砂糖）	3大匙

作法

1. 將原味優格與三溫糖（黃砂糖）均勻混合。

2. 將瀝乾多餘水分的白桃、鳳梨、柑橘加入作法1，充分混合即完成。
（也可使用新鮮水果）

不會吃膩的簡單滋味，非常受歡迎！

日式龍田炸鰹魚塊

納豆涼拌蔬菜塊

雜糧飯

香蕉

日式龍田炸鰹魚塊

白菜海帶芽味噌湯

紅	製造血液與肌肉
	鰹魚、納豆、海帶芽、味噌
黃	產生熱量與力氣
	麩、米飯、片栗粉（太白粉）、沙拉油
綠	調節身體機能
	薑、大蒜、紅蘿蔔、白蘿蔔、小黃瓜、白菜、乾香菇、香蕉

炸得鬆鬆軟軟的龍田鰹魚塊，配上納豆涼拌蔬菜，
並且採用五穀米混合白米煮成雜糧飯，
味噌湯的高湯則是利用昆布與乾香菇熬煮而成，
營養豐富的菜餚就連健康意識高昂的大人也會喜歡！
※ 小朋友的炸鰹魚 1 人份是 50g。

🏠 日式龍田炸鰹魚塊

食材 （成人2人、小朋友2人份）

鰹魚	300g
Ⓐ ┌ 醬油	1大匙
├ 酒	2又1/2小池
├ 生薑泥	少許
└ 大蒜泥	少許
片栗粉（太白粉）	3大匙
沙拉油	2又1/2大匙

作法

1　將調味料Ⓐ攪拌均勻，並且將鰹魚切成容易入口的大小，放入調味料中醃漬大約30分鐘左右。

2　將作法1的鰹魚塊裹上片栗粉（太白粉）。在平底鍋中倒入沙拉油熱鍋，放入魚塊煎炸，等到魚塊的表面變得酥脆時即可撈起。

🏠 納豆涼拌蔬菜塊

食材 （成人2人、小朋友2人份）

紅蘿蔔	1/5根
白蘿蔔	6cm
小黃瓜	1/2根
納豆	60g
醬油	2小匙

作法

1　將紅蘿蔔切成寬度約7mm的方塊，白蘿蔔切成寬度1cm的方塊，小黃瓜切成厚度5mm的銀杏形。

2　煮一鍋滾水，依序放入紅蘿蔔、白蘿蔔、小黃瓜汆燙。

3　將燙好的蔬菜濾乾水分，和納豆攪拌混合後，再倒入醬油調味。

🏠 白菜海帶芽味噌湯

食材 （成人2人、小朋友2人份）

白菜	2片
海帶芽（乾燥）	3g
麩	5g
昆布	4g
乾香菇（切成薄片）	2g
水	600ml
味噌	2又1/2大匙

作法

1　在鍋中放入水，將昆布與乾香菇放入水中浸泡約10分鐘。

2　將白菜切成寬度2cm的四方形。將海帶芽泡水還原後，撈起瀝乾水分。

3　在作法1的鍋子放在瓦斯爐上加熱，煮到整鍋快要沸騰時即可熄火。取出鍋中的昆布，切成細條狀後再放回鍋中。

4　在鍋中加入白菜後，再度開火，熬煮大約5分鐘後放入味噌，使其均勻融化。最後放入作法2的海帶芽，以及泡水還原後的麩即可。

🏠 雜糧飯

食材 （成人2人、小朋友2人份）

白米	2杯
黍、麥、薏仁、稗、栗等五穀米	10g

作法

1　充分掏洗白米後，將白米放入炊飯器中，並加入五穀米均勻混合，加入建議的水量（2.5杯）炊煮。

🏠 香蕉

食材 （4人份）

香蕉	2根

漂亮繽紛的配色讓人食慾大開！
什錦鮮蔬廣東炒麵

雖然平時大家習慣的日式炒麵也很不錯，
不過淋上勾芡醬汁的廣州炒麵
更能彰顯出蔬菜的鮮甜滋味。
再搭配上帶有淡淡甜味的玉米濃湯、
以及色彩鮮豔的地瓜沙拉，
繽紛的視覺效果讓人
不禁一口接一口。

柑橘

地瓜沙拉

玉米濃湯

什錦鮮蔬廣州炒麵

紅 製造血液與肌肉
　豬肉、火腿、脫脂牛奶

黃 產生熱量與力氣
　油麵、地瓜、沙拉油、
　三溫糖（黃砂糖）、
　芝麻油、片栗粉（太白粉）、
　美乃滋

綠 調節身體機能
　洋蔥、豆芽菜、白菜、
　紅蘿蔔、韭菜、乾香菇、
　小黃瓜、葡萄乾、
　玉米奶油醬、羅勒、柑橘

🏠 什錦鮮蔬廣州炒麵

食材 （成人2人、小朋友2人份）

洋蔥·······················1/2個
黃豆芽·····················1/2包
白菜·······················2片
紅蘿蔔·····················1/2根
韭菜·······················1/5把
豬腿肉（切成薄片）··········60g
乾香菇（切成薄片）··········3g
水·······················300ml
油麵·······················3球
沙拉油····················適量
鹽·······················少許
醬油·················比1大匙略多
三溫糖（黃砂糖）·······1又1/2小匙
【太白粉水】
　┌ 片栗粉（太白粉）·······4小匙
　└ 水·····················8小匙
芝麻油····················2小匙

作法

1 將洋蔥切成細絲，洗淨黃豆芽。白菜切成寬度2cm的方形，紅蘿蔔則切成厚度2mm的銀杏形。韭菜切成1cm的段狀。乾香菇泡在300ml的水中還原，香菇水留下備用。將豬肉切成2cm的長條狀。

2 在已經熱好的鍋中倒入沙拉油，放入豬肉拌炒。

3 加入洋蔥、黃豆芽、白菜與紅蘿蔔入鍋拌炒，接著再加入香菇與香菇水，煮5分鐘左右，最後再加入韭菜。

4 在鍋中放入鹽、醬油、三溫糖（黃砂糖）調味。加入太白粉水，製造出濃稠的口感，再倒入芝麻油增添風味。

5 在已熱好的平底鍋中倒入沙拉油，放入油麵，以燜煎的方式做成廣州炒麵。

6 將油麵盛盤，上面淋上作法4的勾芡佐料即完成。

🏠 地瓜沙拉

食材 （成人2人、小朋友2人份）

地瓜·······················300g
火腿·······················2片
小黃瓜·····················1/2根
葡萄乾·····················30g
脫脂牛奶···················2大匙
美乃滋·····················3大匙
鹽·······················少許

作法

1 將連皮的地瓜直接切成厚度約5mm的圓形薄片，放入耐熱容器當中，並覆蓋上保鮮膜，利用微波爐加熱至地瓜變軟為止（可放入電鍋中蒸煮）。將火腿切成寬度1cm的四方形。將小黃瓜切成厚度3mm的銀杏形塊狀後，放入滾水中汆燙。

2 將葡萄乾切開，放入鍋中，加入剛好蓋過葡萄乾的水量，煮到葡萄乾變軟。

3 將脫脂牛奶、美乃滋、鹽均勻混合後，淋在地瓜、火腿與去除多餘水分的小黃瓜上，攪拌均勻即可。

避免過敏的作法 ················ 🥚蛋

以無蛋美乃滋取代原本的淋醬
如果小朋友會對美乃滋過敏，可以購買市售不含蛋的美乃滋淋醬。此外，也不必再使用脫脂牛奶，直接淋上食材即可。

【廣州炒麵的作法】
要將油麵做成廣州炒麵時，要先將所有的麵都先用油炒過後，在鍋中加入2大匙的水，再蓋上鍋蓋以中火燜煎1～2分鐘即可。

🏠 玉米濃湯

食材 （成人2人、小朋友2人份）

洋蔥⋯⋯⋯⋯⋯⋯⋯⋯⋯⋯⋯ 3/4個
北海道白醬（奶油玉米塊）⋯⋯150g
高湯粉⋯⋯⋯⋯⋯⋯⋯⋯⋯⋯ 2小匙
鹽⋯⋯⋯⋯⋯⋯⋯⋯⋯⋯⋯⋯ 少許
水⋯⋯⋯⋯⋯⋯⋯⋯⋯⋯⋯⋯ 540ml
羅勒⋯⋯⋯⋯⋯⋯⋯⋯⋯⋯⋯⋯ 少許

🏠 柑橘

食材 （4人份）

柑橘⋯⋯⋯⋯⋯⋯⋯⋯⋯⋯⋯ 小型4個

作法

1 將洋蔥切成1cm的四方形塊狀。

2 在鍋中加入水與洋蔥熬煮。

3 在鍋中加入奶油玉米塊，待整鍋煮滾
料理塊融化後，加入鹽與高湯粉調味
（可不加）。

4 最後在上方撒入已切碎的羅勒葉作為
點綴。

簡單的
美味湯品

在此要介紹另外一道也非常受到小朋友歡迎的湯品！與玉米濃湯一樣，都是屬於非
常容易製作的美味湯品！

通心粉濃湯

食材 （成人2人、小朋友2人份）

洋蔥⋯⋯⋯⋯⋯⋯⋯⋯⋯⋯ 1/3個
紅蘿蔔⋯⋯⋯⋯⋯⋯⋯⋯⋯ 1/3根
通心粉⋯⋯⋯⋯⋯⋯⋯⋯⋯⋯ 50g
鹽⋯⋯⋯⋯⋯⋯⋯⋯⋯⋯⋯⋯ 適量
玉米粒（罐頭）⋯⋯⋯⋯⋯⋯ 30g
羅勒（乾燥）⋯⋯⋯⋯⋯⋯⋯ 少許
水⋯⋯⋯⋯⋯⋯⋯⋯⋯⋯⋯ 600ml
高湯粉⋯⋯⋯⋯⋯⋯⋯⋯⋯ 2小匙
鹽⋯⋯⋯⋯⋯⋯⋯⋯⋯⋯⋯⋯ 少許

作法

1 將洋蔥切成3mm的薄片，紅蘿蔔則切成細
絲。

2 在鍋中加入水，煮滾後撒入少許鹽並放入
通心粉，煮的時間要比建議的時間更短一
些。

3 取另一鍋加入600ml的水，放入作法1的
食材煮約10分鐘。

4 放入高湯粉與鹽調味後，放入玉米粒與通
心粉，煮到整鍋沸騰即可熄火。

5 將完成的湯品盛入碗中，上面撒上羅勒即
完成。

紅蘿蔔玉米蒸蛋糕

點心的優點！

利用甜點克服
不喜歡的蔬菜

食材 （成人2人、小朋友2人份）

紅蘿蔔	40g
蛋	1顆
三溫糖（黃砂糖）	40g
低筋麵粉	40g
泡打粉	4g
無鹽奶油	20g
玉米粒（罐頭）	25g

避免過敏的作法 蛋

這道蒸蛋糕不加蛋也 OK！
除了蛋之外的其餘材料皆原封不動，
也能做出美味的蒸蛋糕唷！

作法

1　將紅蘿蔔切成小塊，放入滾水中煮到變軟為止。撈出紅蘿蔔、濾乾水分，利用食物攪拌機將紅蘿蔔打成泥狀。

2　將蛋打進碗中，加入三溫糖（黃砂糖），利用打蛋器均勻攪拌，接著再加入紅蘿蔔泥。

3　混合低筋麵粉與泡打粉並過篩，再加入作法2大致攪拌。

4　加入融化的奶油及玉米粒均勻混合後，倒入杯子或烤盤中。

5　放入已經冒出蒸氣的蒸籠當中蒸10～15分鐘，利用竹籤穿刺蛋糕，若竹籤上沒有沾附麵糊痕跡，就代表蛋糕已經蒸好了。

香甜的地瓜餅

我最喜歡
香香脆脆的餅乾

點心的優點！

地瓜含有相當
豐富的膳食纖維

食材 （成人2人、小朋友2人份）

地瓜	50g
沙拉油	40g
三溫糖（黃砂糖）	40g
低筋麵粉	100g
泡打粉	1小撮

避免過敏的作法 乳製品 蛋

可能有很多人都誤以為製作餅乾時一定
會用到蛋及奶油，不過事實上並非如此！
做餅乾時不僅可以利用沙拉油取代奶油，
也可以不使用蛋，就能做出美味的餅乾。
讓孩子品嚐到單純的美味也很不錯！

作法

1 將連皮的地瓜直接切成小方塊狀，蒸
到地瓜變軟後，取出放涼備用。將烤
箱預熱至160℃。

2 在碗中放入沙拉油與三溫糖（黃砂
糖），利用攪拌器均勻混合攪拌。

3 混合低筋麵粉與泡打粉並過篩，再加
入作法2均勻攪拌。

4 加入地瓜，再次混合攪拌，製作出餅
乾糊。

5 將餅乾糊分成4人份，調整出喜歡的
形狀。

6 將餅乾糊放進已預熱好的烤箱中，烤
大約20分鐘即完成。

湖東幼兒園的午餐

與生活密不可分的
營養午餐非常重要

1 大家一起在菜園親自種植蔬菜

在湖東幼兒園附近的菜園裡，大家一起動手種植了小番茄、小黃瓜等各式各樣的蔬菜，自己親手培育出來的蔬菜總是感覺特別好吃！這些蔬菜時常化身為咖哩裡的常客、或是直接品嚐原本的滋味，讓孩子們體會現摘蔬菜的美味。在家裡也可以利用花盆，與孩子一起種植一些蔬菜唷！

這是大家一起種的
小番茄唷！

2 配合節日變化餐點更能增添飲食樂趣！

隨著不同節日的更迭，湖東幼兒園也會搭配節日來變化每天的菜單，如此一來也能夠提升孩子對於飲食的興趣與期待感。像是萬聖節、聖誕節、過年、中秋節等，讓菜色帶有當下節日的特色，營造出愉快的用環境也非常重要。

湖東幼兒園認為營養午餐是活力的來源，不僅時常利用當季食材與當地特產入菜，並且同時採用小朋友們親手種植出的蔬菜，讓孩子們總是能品嚐到最新鮮的食材滋味。此外，也經常會聽取小朋友的意見，並配合節日設計菜單內容，與日常生活巧妙結合的餐點總是能讓孩子們樂在其中，充分享受用餐的樂趣。

稀哩呼嚕

什麼味道？

3
大家輪流當試菜值日生 提升味覺感受與表現力！

　　大班的孩子們會輪流在用餐室中比大家早一步品嚐餐點，並且在午餐開始之前，與大家口頭分享當天午餐的味道、口感以及外觀，為了要回答大家的問題，試菜值日生們都會非常認真地感受食材滋味！而且能看出值日生們為了要讓大家都能了解，也會絞盡腦汁地努力表達自己的感受。因此在家裡也不妨讓孩子擔任小小試菜員，讓孩子試著用心品嚐並努力表達吧！

4
充分利用當季食材與 當地特產做出美味餐點！

　　湖東幼兒園充分地利用當季食材與當地特產製作成營養午餐，讓孩子們品嚐到食材最新鮮的原味，自然而然地減少剩菜的分量。適合熱熱吃的餐點就盡量趁熱、適合冷食的餐點就盡量維持冰涼的狀態讓孩子們享用，只要花點心思，就能大幅提升孩子們的食慾。

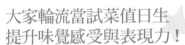

うめ

口感鬆軟、香氣十足的鮪魚是主角！
照燒鮪魚丼

在白飯上擺置色彩鮮豔的雞蛋絲、再放上
照燒口味的鮪魚，讓人不禁食慾大開！
同時搭配日式清湯與配料多多的燉羊栖菜，
達到畫龍點睛的效果，
更襯托出照燒醬汁與食材原本的滋味。

毛豆油豆腐燉羊栖菜

豆腐蔥清湯

照燒鮪魚丼

紅	製造血液與肌肉
	鮪魚、蛋、羊栖菜、油豆腐、竹輪、豬絞肉、豆腐
黃	產生熱量與力氣
	米飯、砂糖、沙拉油
綠	調節身體機能
	紅蘿蔔、毛豆、青蔥

🏠 照燒鮪魚丼

食材 （成人2人、小朋友2人份）

白米		2杯
A	酒	2小匙
	薄鹽醬油	2小匙
	鹽	少許
	味醂	1小匙
切片鮪魚		
50g×6片（成人2片、小朋友1片）		
B	薄鹽醬油	1大匙
	酒	2小匙
	味醂	2小匙
蛋		2顆
砂糖		1小匙
鹽		少許
沙拉油		適量

作法

1 充分掏洗白米後，將白米放入炊飯器中，加入建議的水量（2杯）與調味料Ⓐ一起炊煮成櫻花飯※。將調味料Ⓑ混合均勻後，用來醃漬鮪魚片。

2 將蛋打在碗中，加入砂糖與鹽後充分打散。

3 在熱好的平底鍋中倒入沙拉油，將蛋汁倒入鍋中，開小火，使蛋汁鋪平在鍋中煎出均勻薄透的蛋皮，只要看到蛋汁表面凝固立刻關火，待蛋皮冷卻後捲起切成細絲狀。

4 在平底鍋中倒入沙拉油，均勻煎熟鮪魚的正反兩面。

5 將櫻花飯裝在碗中，均勻撒上蛋絲，頂端放置煎好的鮪魚即完成。

※所謂的櫻花飯是指以醬油口味炊煮而成的飯，在日本靜岡縣西部地區經常可見。

避免過敏的作法 ·············· 🥚 蛋

利用同樣是黃色的玉米來增添色彩
如果小朋友會對蛋過敏，不妨利用同樣是黃色的食材——玉米來取代蛋吧！只要花一點巧思就能變身為一道色彩豐富繽紛的照燒鮪魚丼飯。

🏠 毛豆油豆腐燉羊栖菜

食材 （成人2人、小朋友2人份）

羊栖菜（乾燥）		15g
厚油豆腐		2/3片
紅蘿蔔		1/4根
竹輪		1根
豬絞肉		50g
毛豆（經燙熟剝皮處理）		40g
沙拉油		1小匙
高湯		100ml
A	醬油	2小匙
	砂糖	1大匙
	味醂	1小匙

作法

1 將乾燥羊栖菜泡水還原、洗淨、瀝去多餘的水分。將厚油豆腐切成短條狀，放置於濾網中，從上方澆上熱水，沖洗掉多餘的油分。將紅蘿蔔切成厚度大約3mm左右的銀杏形。將竹輪從上方先對切一半，再斜切成塊。

2 在熱好的平底鍋中倒入沙拉油，翻炒豬絞肉，待豬絞肉均勻分散開後，加入羊栖菜一起拌炒。接著再放入紅蘿蔔、厚油豆腐絲、竹輪一起拌炒，倒入高湯與調味料Ⓐ，熬煮至湯汁快要收乾，再放入處理好的毛豆。

3 熄火。靜置一小段時間讓食材入味。

調理時的小訣竅

如果有時間可以醃漬鮪魚。建議可醃漬五小時至一個晚上的時間，將浸泡在醬汁中的鮪魚放入冰箱中長時間醃漬，品嚐起來會更入味。

豆腐蔥清湯

食材 （成人2人、小朋友2人份）

豆腐⋯⋯⋯⋯⋯⋯⋯⋯⋯⋯1/2塊
青蔥⋯⋯⋯⋯⋯⋯⋯⋯⋯⋯20g
高湯⋯⋯⋯⋯⋯⋯⋯⋯⋯⋯600ml
A ┌ 薄鹽醬油⋯⋯⋯⋯1又2/3大匙
　　├ 酒⋯⋯⋯⋯⋯⋯比1大匙略多
　　└ 鹽⋯⋯⋯⋯⋯⋯⋯⋯少許

作法

1 將豆腐切成1cm小方塊狀，青蔥也切成差不多長度的大小。

2 在高湯中加入調味料**A**，煮滾之後放入豆腐，待豆腐浮在水面上時即可熄火，加入青蔥即完成。

調理時的小訣竅

在清爽的清湯中，不僅可已加入豆腐與青蔥，還可以加入其它各種食材享受不一樣的滋味。比較簡便一點的食材像是可加入蛋與蔥花或是海帶芽與麩皆可。如果想要營造出美味湯頭，便可加入蛤蜊、花蛤、干貝等貝類，或是蝦、鯛魚等海鮮類食材，也是很不錯的選擇。另外，也很推薦放入小塊雞胸肉，小朋友會比較方便入口。

在餐點中巧妙地加入鮮魚吧！

如果想要以照燒方式調理鮪魚以外的鮮魚，最好選擇魚肉不容易破碎的魚種，處理起來才會比較方便。例如鮭魚與鯖魚等，不僅方便處理，而且很容易在市場中買到，因此也很推薦使用這兩種魚。此外，土魠魚的肉質清爽，也很適合做成照燒口味食用。

除了照燒的料理方式之外，鮭魚可利用鹽烤方式烤熟，再將鮭魚肉弄碎加入白飯中，不僅看起來色彩繽紛，吃起來也方便可口。如果想要調理成西洋風味，則可運用簡單的羅勒與鹽來調味，品嚐鮮魚原本的風味。

在家裡輕鬆享用洋風料理
俄羅斯風餡料三明治

看似平凡的三明治與蔬菜湯，
只要稍微改變一下料理手法，
就能輕鬆變身為俄式口味。
聰明地運用手邊容易取得的食材，
為家人帶來全新的味覺饗宴吧！

羅宋湯

俄羅斯風餡料三明治

紅	製造血液與肌肉
	混合絞肉、牛肉
黃	產生熱量與力氣
	麵包、冬粉、馬鈴薯、沙拉油
綠	調節身體機能
	洋蔥、紅蘿蔔、芹菜、甜菜、高麗菜、番茄

🏠 俄羅斯風餡料三明治

食材 （成人2人、小朋友2人份）

```
厚片吐司、或長條麵包·············· 3片
洋蔥······························· 1/5個
冬粉······························· 15g
混合絞肉··························· 120g
沙拉油····························· 適量
  ┌ 鹽······························· 少許
Ⓐ │ 咖哩粉··························· 少許
  │ 醬油····························· 1小匙
  └ 酒······························· 1小匙
```

作法

1. 將厚片吐司切成一半，再從中間切開，呈口袋形狀。若是選用長條麵包，就將麵包劃開一半。

2. 將洋蔥切成碎粒。冬粉燙熟後切碎。

3. 在熱好的鍋中倒入沙拉油，翻炒絞肉，等到絞肉表面變色後，在鍋中加入洋蔥與冬粉及調味料Ⓐ，一起拌炒。

4. 等到內餡的食材放涼之後，夾入吐司或麵包中即完成。

調理時的小訣竅

將冬粉切成1～1.5cm左右的長度，會比較容易與其它食材充分混合，而且夾進吐司或麵包中時也會比較方便。

🏠 羅宋湯

食材 （成人2人、小朋友2人份）

```
牛五花肉（細條狀）················ 90g
紅蘿蔔····························· 1/4根
洋蔥······························· 1/2個
芹菜······························· 1/5根
馬鈴薯····························· 1顆
甜菜······························· 50g
高麗菜葉·························· 1片（60g）
番茄（切丁）······················ 80g
水································· 600ml
高湯粉···························· 1又1/2小匙
鹽································· 少許
沙拉油····························· 1小匙
```

作法

1. 將牛肉切成小塊狀。紅蘿蔔切成厚度約5mm的銀杏形。洋蔥、芹菜、馬鈴薯都切成較小的塊狀。將甜菜切成容易入口的大小。高麗菜切成短條狀。

2. 在熱好的鍋中倒入沙拉油，放入牛肉、紅蘿蔔、洋蔥一起拌炒。

3. 等到牛肉變色後，再放入高麗菜繼續拌炒。

4. 在鍋中加入水、甜菜、番茄、芹菜與馬鈴薯，以小火熬煮15～20分鐘，最後以高湯粉及鹽調味即完成。

調理時的小訣竅

如果擔心馬鈴薯在鍋中煮糊，可以先另取一鍋將馬鈴薯煮到還帶有硬度的程度，在熄火前再將馬鈴薯加入湯鍋中，蓋上鍋蓋燜煮，如此一來就能使馬鈴薯入味且不易變糊。

柔軟口感與淡淡甜味在口中擴散開來
肉醬焗烤小馬鈴薯

運用馬鈴薯、嫩筍及高麗菜等
各種新鮮蔬菜,變出一桌色彩豐富的佳餚吧!
透過每天在餐桌上出現的當令美食,
讓親子共同感受到蔬菜的美味。

紅	製造血液與肌肉 豬絞肉、起司、 海帶芽、味噌
黃	產生熱量與力氣 馬鈴薯、白飯、奶油、 沙拉油
綠	調節身體機能 洋蔥、筍子、青江菜、 高麗菜、荷蘭豆

肉醬焗烤馬鈴薯

蔬菜味噌湯

嫩筍飯

🏠 肉醬焗烤馬鈴薯

食材 （成人2人、小朋友2人份）

```
馬鈴薯······················· 3個
洋蔥······················ 1/2個
豬絞肉····················· 100g
┌ 番茄醬··················· 2小匙
│ 日式中濃醬········· 比1大匙略少
Ⓐ 日式牛肉燴醬············· 80g
└ 鹽······················· 少許
披薩用起司················· 80g
奶油······················· 少許
沙拉油····················· 1小匙
```

作法

1 仔細洗淨馬鈴薯後，直接帶皮切成厚度約5mm左右的銀杏形。將切好的馬鈴薯放入鍋中，加入剛好蓋過馬鈴薯的水量，開火煮到竹籤能夠刺穿馬鈴薯的程度後，用濾網撈起馬鈴薯。將洋蔥切成碎粒。

2 在熱好的平底鍋中倒入沙拉油，放入豬絞肉拌炒，待豬絞肉均勻散開後放入洋蔥拌炒至軟。接著倒入調味料Ⓐ，與鍋中食材均勻攪拌混合時要注意別燒焦了，等到全部食材都入味後熄火。將烤箱預熱至200℃。

3 在耐熱容器的表面塗抹奶油，放入作法1的馬鈴薯，再淋上作法2的肉醬，使肉醬淹蓋過馬鈴薯，撒上起司，放入烤箱中烤大約8～10分鐘，使表面呈現金黃色即完成。

避免過敏的作法 ·················· 🐄 乳製品

就算不使用奶油與起司
也能製作出美味的焗烤料理！
在耐熱容器表面塗抹的奶油，可以使用沙拉油來代替。品及小麥粉，改用市售的濃湯塊，也一樣可以做出美味的白醬。

🏠 嫩筍飯

食材 （成人2人、小朋友2人份）

```
白米······················· 2杯
竹筍（去皮）··············· 120g
海帶芽（乾燥）··············· 4g
高湯····················· 100ml
薄鹽醬油··················· 1小匙
味醂···················· 1/2小匙
```

作法

1 充分掏洗白米後，將白米放入炊飯器中，加入建議（2杯）的水量炊煮。

2 將竹筍切成細條狀。

3 將乾燥海帶芽泡水還原後，切成小片。

4 在鍋中放入竹筍、高湯、薄鹽醬油、味醂，開小火煮15分鐘左右。

5 將海帶芽的水分擰乾後加入作法4中，煮滾後放涼使食材入味。

6 在開動之前，淋在白飯中均勻攪拌。

※如果手邊有的話可在飯上裝飾山椒嫩葉。

【將竹筍切成細條狀】

將竹筍對半剖開，切成長度均等的3等份，接著縱向切成薄片狀，再將薄片疊在一起，從側邊開始切成細條狀即可。如果竹筍的形狀不太方便從縱向切成薄片的話，就將竹筍橫放在砧板上，以菜刀與砧板平行的方向，將竹筍橫切成薄片。

🏠 蔬菜味噌湯

食材 （成人2人、小朋友2人份）

青江菜	1/2株
高麗菜葉	2片
竹筍（去皮）	40g
豌豆	40g
高湯	600ml
味噌	2又1/2大匙

作法

1 將青江菜、高麗菜切成容易入口的大小。竹筍切成細絲狀。撕去豌豆豆莢側邊的粗纖維，在沸騰的滾水中加入少許鹽（分量外），將豌豆放入滾水中煮1～2分鐘。

2 取一鍋放入高湯，煮滾後放入青江菜、高麗菜與竹筍，煮一會兒即可放入味噌使其均勻融化。將味噌湯盛入碗中，再加入煮熟的豌豆即完成。

調理時的小訣竅

雖然豌豆是一年到頭都很容易取得的蔬菜，不過以這道料理來說，建議使用偏圓身的蜜糖豆。由於蜜糖豆是由豌豆改良過後的品種，豆莢偏厚、豆粒大顆又柔軟，且具有甜味，整株豆莢都可以食用！

胖嘟嘟的豆子

kitchen memo

輕鬆品嚐小馬鈴薯的美味！

在湖東幼兒園中，利用各式各樣的料理方式讓孩子們品嚐到馬鈴薯的美味，例如加入了馬鈴薯的味噌湯，就是非常受到孩子們歡迎的一道湯品。

此外，如果有剛摘採的馬鈴薯，就會將整個馬鈴薯連皮蒸熟，只利用少許鹽來提味，讓大家仔細品嚐食材原有的滋味。

在整個連皮蒸熟的馬鈴薯上，只要撒上鹽與海苔粉，看起來色彩就相當豐富，堪稱是最適合和風餐桌的一道配菜，請大家務必在家裡也試試看這樣的作法。

在咖哩中藏著大量的夏季蔬菜

番茄茄子咖哩

在這道充滿豐富食材的咖哩當中，大量使用了
番茄、茄子與青椒等常見的蔬菜。
蘊藏滿滿蔬菜的甜味，讓咖哩的口味變得
更加圓潤溫和，無論大人小孩都喜歡。

白飯　　　　　番茄茄子咖哩

讓菜單更豐富

PLUS

西瓜 or 葡萄

紅	製造血液與肌肉 雞肉
黃	產生熱量與力氣 白飯、沙拉油、 低筋麵粉
綠	調節身體機能 洋蔥、紅蘿蔔、茄子、 番茄、青椒、水果

番茄茄子咖哩

食材 （成人2人、小朋友2人份）

雞腿肉	200g
洋蔥	3/4個
紅蘿蔔	1/2個
茄子	1又1/2個
番茄	1又1/4個
青椒	1個
沙拉油	適量
低筋麵粉	適量
咖哩塊（自己偏好的品牌）	120g
水	750ml

作法

1　將雞肉切成一口大小，洋蔥切成絲。紅蘿蔔切成厚度約5mm的銀杏形。將茄子剝皮處理，使表面呈現出條紋般的紋路，並切成厚度約1.5cm的銀杏形。將番茄放入熱水中稍微汆燙，方便去皮，去皮後切成一口大小。青椒切成較小的方塊，先燙熟備用。

2　在熱好的鍋中倒入沙拉油，將表面稍微沾附了低筋麵粉的雞肉放入鍋中，煎到兩面都稍微上色時，加入洋蔥、紅蘿蔔、茄子一起拌炒。等到所有食材都差不多拌勻後，在鍋中加入水，熬煮至紅蘿蔔變軟。暫時熄火，放入咖哩塊並均勻攪拌使咖哩塊溶解。

3　等到咖哩塊均勻溶解後，重新開火，放入番茄與青椒，熬煮到咖哩變得濃稠即可。

【番茄的熱水去皮法】

先在番茄底部的正中央劃出淺淺的十字刀，煮一鍋熱水，將劃開十字的番茄放在勺子上浸入熱水中，番茄皮遇到熱水就會從劃開的部位開始脫皮。

蒂頭朝下

白飯

食材 （成人2人、小朋友2人份）

白米	2杯

作法

1　充分掏洗白米後，將白米放入炊飯器中，加入建議的水量（2杯）炊煮。

kitchen memo

妥善運用番茄，變化出各種料理

當令的番茄吃起來特別美味，不過要是一次買了太多，吃不完的問題是不是也很令人困擾呢？

雖然也可以將番茄加在涼麵裡，增添繽紛色彩，不過生吃實在吃不了那麼多的時候，就可以像這次的食譜一樣加進咖哩裡，或是切成小塊當煮湯時的配角，變化非常豐富。

如果家裡的小朋友不喜歡番茄，則非常推薦加在焗烤料理中放入烤箱中燒烤，舉例來說，像是本書P87當中介紹的「肉醬焗烤馬鈴薯」這道料理，就可以把切碎的番茄放在肉醬上方，再鋪上起司送進烤箱中焗烤上色，調理方式非常輕鬆簡單！

提升食慾的小技巧

最後再加入番茄，便能完整保留番茄的甜味。要是小朋友不喜歡青椒的氣味，則可以事先燙熟後再放入咖哩中，如此一來就能淡化青椒的氣味。如果想要保留青椒的鮮豔色彩，可以先用較多的油炒過青椒，就能讓青椒呈現出較鮮豔的綠色。

大量攝取能溫熱身體的根莖類蔬菜
根莖類蔬菜咖哩

讓菜單更豐富
PLUS
柑橘 or 蘋果

這道咖哩的主角是以切成不規則大塊狀的蓮藕、
地瓜與紅蘿蔔為主角,徹底入味後的根莖類蔬菜,
仍舊保有各式各樣的豐富口感。
請將這道食譜列為冬季咖哩的錦囊妙計吧!

白飯

根莖類蔬菜咖哩

紅 製造血液與肌肉
　　豬肉
黃 產生熱量與力氣
　　地瓜、白飯、沙拉油
綠 調節身體機能
　　洋蔥、紅蘿蔔、蓮藕、
　　水果

🏠 根莖類蔬菜咖哩

食材 （成人2人、小朋友2人份）

豬肉條⋯⋯⋯⋯⋯⋯⋯⋯⋯⋯	200g
洋蔥⋯⋯⋯⋯⋯⋯⋯⋯⋯⋯⋯	3/4個
紅蘿蔔⋯⋯⋯⋯⋯⋯⋯⋯⋯⋯	1/2個
蓮藕⋯⋯⋯⋯⋯⋯⋯⋯⋯⋯⋯	100g
地瓜⋯⋯⋯⋯⋯⋯⋯⋯⋯⋯⋯	100g
沙拉油⋯⋯⋯⋯⋯⋯⋯⋯⋯⋯	適量
咖哩塊（自己偏好的品牌）⋯	120g
水⋯⋯⋯⋯⋯⋯⋯⋯⋯⋯⋯⋯	750ml

作法

1 將豬肉切成容易入口的大小。洋蔥切成絲，紅蘿蔔切成厚度約5mm的塊狀。以滾刀法將蓮藕切成小塊，浸泡在醋水（分量外）中備用。先將地瓜放入滾水中，煮到竹籤能很容易刺入地瓜的程度。

2 在熱好的鍋中倒入沙拉油，放入豬肉、洋蔥、紅蘿蔔與蓮藕一起拌炒，炒到所有食材都差不多拌勻後，加水熬煮到根莖類蔬菜都變軟為止。暫時熄火，放入咖哩塊並均勻攪拌使咖哩塊溶解。

3 重新開火，煮到整鍋咖哩變得濃稠，最後再放入地瓜即完成。

🏠 白飯

食材 （成人2人、小朋友2人份）

白米⋯⋯⋯⋯⋯⋯⋯⋯⋯⋯⋯	2杯

作法

1 充分掏洗白米後，將白米放入炊飯器中，加入建議的水量（2杯）炊煮。

kitchen memo

最受小朋友歡迎的咖哩可依照季節變化更換當令食材，享受不同的美味！

咖哩可說是最受小朋友歡迎的菜色之一，在湖東幼兒園中，會依照季節轉換來更換咖哩當中的食材。冬季時就是在本書中介紹過的番茄咖哩，夏季時則是茄子咖哩，直接利用園內種植的蔬菜——番茄、茄子與青椒、南瓜，添加在咖哩當中。

春季咖哩則可以利用當令的蠶豆與馬鈴薯。由於蠶豆是直接使用園中種植的作物，因此可以請小朋友們一起幫忙參予剝皮等工作，在家裡也不妨請孩子一起動手幫忙製作出美味的料理。

此外，秋季則是屬於親自動手挖掘地瓜的季節，在湖東幼兒園中也讓小朋友親手種植了許多地瓜，到了秋季就能讓小朋友親手挖出地瓜，再利用地瓜來製作咖哩。使用了大量地瓜來取代馬鈴薯的咖哩，甜味特別濃郁，溫和的滋味也相當受到小朋友的歡迎。

香蕉豆奶蛋糕

點心的優點！

加入了營養
豐富的香蕉
口感令人滿足！

食材 （成人2人、小朋友2人份）

綜合鬆餅粉	100g
蛋	15g
豆奶	25g
香蕉	1根
砂糖	5g

避免過敏的作法 蛋

不加蛋也能一樣鬆軟可口！
用與蛋一樣分量的豆奶來取代蛋，就
能烤出相當蓬鬆柔軟的蛋糕。而且因
為是使用豆奶，對牛奶過敏的小朋友
也能安心食用喔！

作法

1. 在碗中放入綜合鬆餅粉、蛋、豆奶
與砂糖，均勻混合攪拌。

2. 準備另一個碗，剝除香蕉皮，將香
蕉放入碗中，以叉子將香蕉攪碎。

3. 混合作法1與作法2後，倒入杯子型
的模型中。

4. 將烤箱預熱至200℃，將杯子蛋糕放
入烤箱中烤大約10分鐘左右，讓表
面稍微上色。將竹籤戳進蛋糕中，
若竹籤上並未沾附任何東西，即大
功告成。

輕鬆簡便的糖煮水果

酸酸甜甜的
真好吃～

點心的優點！

完整攝取到
對身體很好的
整顆蘋果

食材 （成人2人、小朋友2人份）

蘋果·······························1個
砂糖·······························10g
（依照蘋果的甜度可隨意增減用量）
水·································30ml
檸檬汁·························1/2小匙

推薦的延伸作法

到了夏季，可將糖煮水果放入冰箱冷藏，
搭配上冰淇淋一起食用會更美味。或是
也可以再熬煮更長時間，加入優格中混合
攪拌、或是搭配鬆餅一起吃，也非常美味
唷！

作法

1 將蘋果仔細洗淨，連皮切成8等份
後，取下中間的果核。

2 在鍋中平鋪切好的蘋果，注意不要讓
蘋果彼此重疊，再加入砂糖、水、檸
檬汁，開小火熬煮4～5分鐘，等到蘋
果已經煮軟之後即可熄火，利用鍋中
的餘熱使蘋果漸漸入味。

【餘熱】

所謂的餘熱，指的
是在熄火後在鍋子
內部殘留的熱度。
在這道食譜中就是
利用鍋子的餘熱使
蘋果入味。

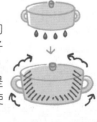

食材索引

本書的索引是依照營養成分的不同，將食材分為「紅·黃·綠」三種類別，並且指引出使用了該項食材的食譜頁碼。在思考菜色的時候，可以分別從這三種營養類別選擇出適合的菜色，進行搭配組合，便能使每一餐的餐點都兼顧到營養均衡。在每天的飲食中好好活用這份食材索引吧！

紅 製造血液與肌肉

水果

100道最受幼兒歡迎的超人氣食譜 _{暢銷修訂版}

作　　　者／日本WILL兒童知識教育研究中心
翻　　　譯／林慧雯
選　　　書／陳雯琪
主　　　編／陳雯琪

行 銷 經 理／王維君
業 務 經 理／羅越華
總 編 輯／林小鈴
發 行 人／何飛鵬
出　　　版／新手父母出版
　　　　　　城邦文化事業股份有限公司
　　　　　　台北市民生東路二段141號8樓
　　　　　　電話：（02）2500-7008　傳真：（02）2502-7676
　　　　　　E-mail：bwp.service@cite.com.tw
發　　　行／英屬蓋曼群島商家庭傳媒股份有限公司城邦分公司
　　　　　　台北市中山區民生東路二段141號11樓
　　　　　　書虫客服服務專線：02-25007718；25007719
　　　　　　24小時傳真專線：02-25001990；25001991
　　　　　　讀者服務信箱 E-mail：service@readingclub.com.tw
劃 撥 帳 號／19863813；戶名：書虫股份有限公司

香 港 發 行／城邦（香港）出版集團有限公司
　　　　　　香港灣仔駱克道193號東超商業中心1樓
　　　　　　電話：(852)2508-6231　傳真：(852)2578-9337
　　　　　　E-mail：hkcite@biznetvigator.com
馬 新 發 行／城邦（馬新）出版集團 Cite(M) Sdn. Bhd. (458372 U)
　　　　　　11, Jalan 30D/146, Desa Tasik,
　　　　　　Sungai Besi, 57000 Kuala Lumpur, Malaysia.
　　　　　　電話：(603) 90563833　傳真：(603) 90562833

封 面 設 計／徐思文
內 頁 排 版／陳喬尹
製 版 印 刷／卡樂彩色製版印刷有限公司
二 版 一 刷／2022年3月17日
定　　　價／360元

I S B N　978-626-7008-16-4

國家圖書館出版品預行編目(CIP)資料

100道最受幼兒歡迎的超人氣食譜 暢銷修訂版/日本WILL兒童知識教育研究中心(WILLこども知育研究所)著. -- 二版. -- 臺北市：新手父母出版, 城邦文化事業股份有限公司出版：英屬蓋曼群島商家庭傳媒股份有限公司城邦分公司發行, 2022.03

　　面；　公分. -- (育兒通 ; SR0079X)

譯自：給食がおいしいと評判の保育園 幼稚園の人 メニュー 日おかわり!かんたんレシピ
ISBN 978-626-7008-16-4(平裝)

1.CST: 育兒 2.CST: 小兒營養 3.CST: 食譜

428.3　　　　　　　　111001857